住房城乡建设部土建类学科专业“十三五”规划教材
全国住房和城乡建设职业教育教学指导委员会建筑与规划类专业指导委员会规划推荐教材

建筑装饰效果图制作

（建筑装饰工程技术专业适用）

本教材编审委员会组织编写
王旭东　主　编
季　翔　主　审

中国建筑工业出版社

图书在版编目（CIP）数据

建筑装饰效果图制作／王旭东主编．—北京：中国建筑工业出版社，2018.6
住房城乡建设部土建类学科专业“十三五”规划教材．全国住房和城乡建设职业教育教学指导委员会建筑与规划类专业指导委员会规划推荐教材
（建筑装饰工程技术专业适用）
ISBN 978-7-112-22304-6

Ⅰ．①建…　Ⅱ．①王…　Ⅲ．①建筑装饰－建筑制图－高等职业教育—教材
Ⅳ．① TU238

中国版本图书馆 CIP 数据核字（2018）第 123605 号

本教材为全国住房和城乡建设职业教育教学指导委员会建筑与规划类专业指导委员会规划推荐教材。全书共分4个模块，包括模块1　3D MAX导入、模块2　居住空间、模块3　商业空间、模块4　办公空间。本教材可作为建筑装饰工程技术专业、建筑室内设计专业的教学用书，也可作为相关专业的参考书。

为更好地支持本教材的教学，我们向使用本书的教师免费提供配套操作文件及教学课件，有需要者请与出版社联系，邮箱：cabp_gzzs@163.com。

责任编辑：杨　虹　周　觅
责任校对：李欣慰

住房城乡建设部土建类学科专业“十三五”规划教材
全国住房和城乡建设职业教育教学指导委员会建筑与规划类专业指导委员会规划推荐教材

建筑装饰效果图制作

（建筑装饰工程技术专业适用）
本教材编审委员会组织编写
王旭东　主编
季　翔　主审

*

中国建筑工业出版社出版、发行（北京海淀三里河路9号）
各地新华书店、建筑书店经销
北京雅盈中佳图文设计公司制版
北京中科印刷有限公司印刷

*

开本：787×1092毫米　1/16　印张：$7^1/_4$　字数：152千字
2018 年 9 月第一版　2018 年 9 月第一次印刷
定价：28.00元
ISBN 978-7-112-22304-6
（32178）

编审委员会名单

前　言

建筑装饰效果图制作课程是建筑装饰工程技术专业必修的专业拓展课程，学生已经学习过“建筑装饰设计原理”“建筑装饰材料与构造”等专业基础课程，有了一定的制图和装饰材料构造与施工的知识，因此，这门课程教学内容的专业性、技能性更强更深。本课程的着眼点是对专业技能的拓展，直接对应装饰公司就业岗位，以效果图表现为课程内容，以典型性工作任务为学习任务，以真实工程项目为实训项目，建设成为一门典型的工学结合课程，是建筑装饰工程技术专业一门比较重要的专业课程。

本教材《建筑装饰效果图制作》就在这样的背景下产生了，它是建筑装饰工程技术专业教学改革的产物，它以工作程序为主线，融入了方案识读、家具制作、空间建模、材质编辑、灯光设置、场景渲染等相关知识，把前期教学的知识点融入本教材中，形成了一本全新的教材。为从事本课程教学的教师提供了有价值的教学方法和思路。本教材的出版在建筑装饰工程技术专业的教学改革中能够起到积极的推动作用，学生能够更好地掌握课程内容，学校能够更容易组织教学。

本课程由国家示范院校——江苏建筑职业技术学院建筑装饰艺术学院室内设计专业王旭东主编，由江苏建筑职业技术学院建筑装饰艺术学院杨洁和陆文莺参编。王旭东设计全书的结构，撰写了模块1、模块2、模块3并负责全书的统稿。杨洁撰写了模块4，陆文莺撰写了目录部分。江苏建筑职业技术学院的领导和老师对本书的编写给予了很大的关心和支持，在此特向他们表示衷心的感谢。由于本书是教学改革的产物，加之作者水平有限，一定存在着许多不足之处，敬请同行能对本教材提出宝贵意见，以期在今后再版时予以充实和提高。

本书可作为建筑装饰工程技术专业、建筑室内设计专业的教学用书，也可作为相关专业的参考书。由于编写时间仓促及水平有限，不足之处恳请各位专家及读者指正。

编者

目　　录

建筑装饰效果图制作

1

模块1 3DS MAX导入

1 学习目标

通过 3ds max 的介绍，使学生了解建筑装饰效果图制作与 3ds max 软件之间的关系，并对 3ds max 有个整体的初步印象，了解 3ds max 的基本功能特点与应用范围。学会运用 3ds max 制作效果图。

建筑装饰效果图制作是高等职业技术教育院校建筑装饰工程技术专业的一门核心课程，它以 3ds max 软件为操作平台。这门课程的学习是以项目教学、案例教学为主导，通过教学情景的学习来逐步掌握 3ds max 软件的操作，制作出高水平的效果图。

3ds max 是近年来出现在 PC 平台上的最优秀的三维动画制作软件之一。3ds max 功能完善，操作便捷，除自身的建设以外还有很强的包容性，开放式的总体构架能够接纳多种多样的优秀插件；面向对象的思维方式使得 3ds max 具有非常易学、易用的特性，界面直观，整合性好；基于复杂材质的编辑技术，使 3ds max 可用来创建任意的材质和贴图，轻易创造出逼真的虚拟空间；造型工具直观易用，修改器堆栈使创作得心应手，并且以对象的整合形式出现，便于理解；有精确的【Snip】（捕捉）、【Align】（对齐）等功能，实现了与 CAD、Sketch 等软件的无缝接轨，甚至还有参数化模型适合专业应用，再加上快速高质量的出图效果使它在建筑、装饰行业得到了广泛应用。3ds max 是同类软件中对系统配置要求最低的，随着版本的不断升级对系统配置要求必然有所提高，但是相对越来越令人惊艳的完美效果，也算是超值的。

2 相关知识

2.1 3ds max 基础

在三维动画制作软件类别中进行比较，3ds max 以简约著称，界面一贯简洁明快，如图 1–1–1 所示，是 3ds max 界面的重要组成部分。如图 1–1–2 所示为视图区，用于场景观察、进行操作的工作区域，用户的交互操作均在此完成，每个视图的左上角都有该视图的名称，右击名称会弹出嵌块菜单，各视图可以通过快捷键进行切换；菜单行，与标准的 Windows 下拉式菜单概念相似，位于屏幕顶端，菜单中的命令项目如果带有省略号，表示会弹出相应的对话框，带有小箭头的命令项目表示还有次一级的菜单，有快捷键的命令则在其右侧标有快捷键的按键组合，实际应用中较少到菜单栏中执行命令，工具行中的命令足以应付常规操作；工具行包含了 3ds max 中常用的工具，例如移动、旋转、放缩、对齐、镜像等，每个按钮的形式都较为形象、易于理解，同时，当鼠标箭头在某个按钮上停留几秒钟时会有该按钮的文字提示出现，直观清晰，在这里集中的大都是 3ds max 操作过程中使用频率较高的命令，命令按钮右下角有三角箭头的表示该按钮有多种形式可供选择；命令面板是 3ds max 的核心区域（图 1–1–3），包含了丰富的工具和命令，以供制作物体、

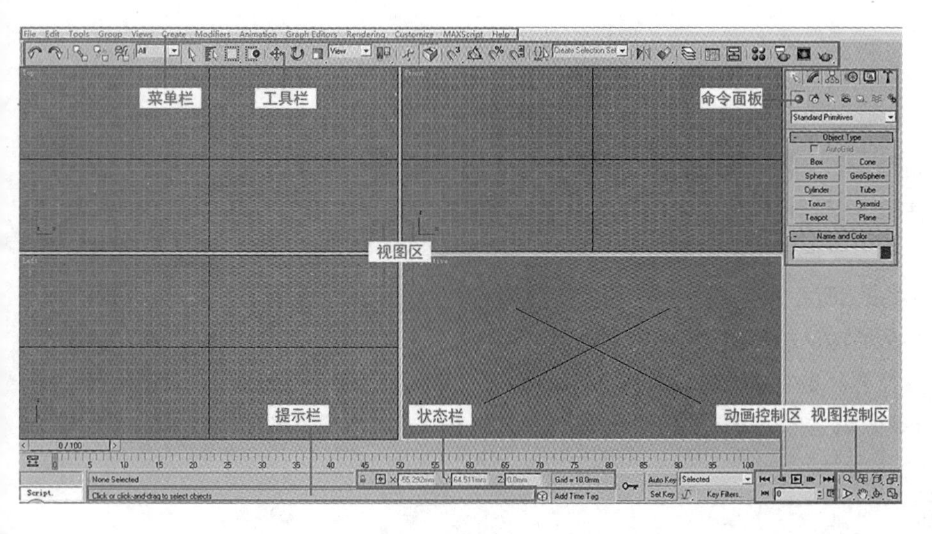

图 1—1—1

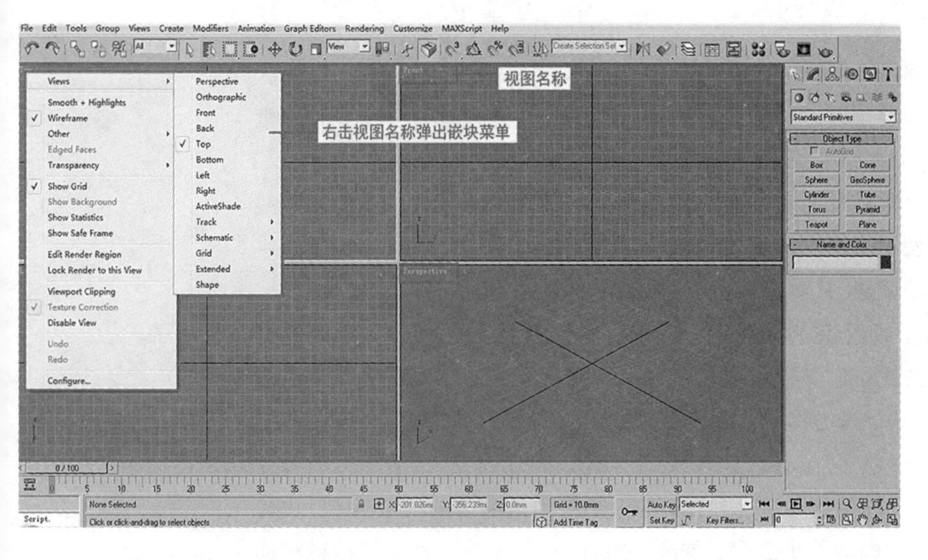

图 1—1—2

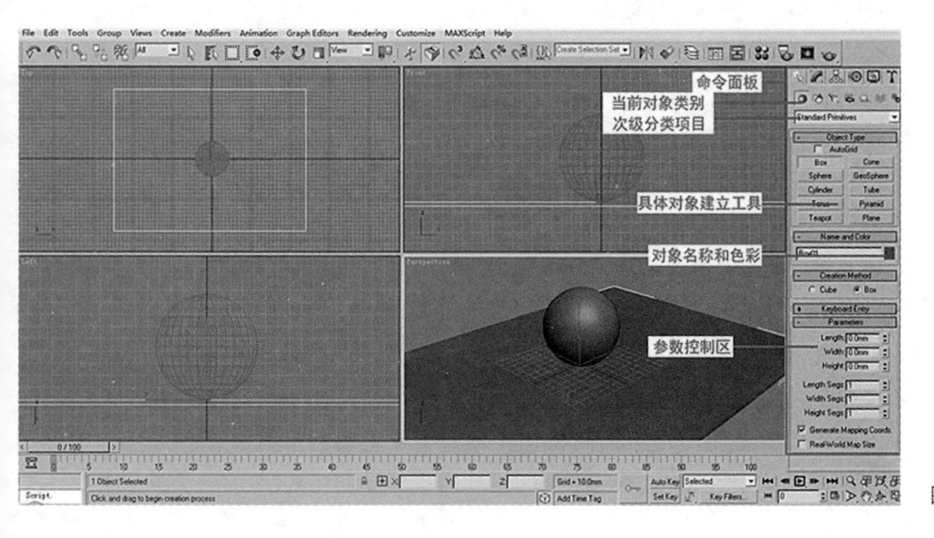

图 1—1—3

建立场景、编辑修改、动画轨迹控制、灯光相机的创建与控制等，外部插件的窗口也位于这里，命令面板分六大类别：创建命令面板、修改命令面板、层次命令面板、运动命令面板、显示命令面板、程序命令面板。每一命令面板内部又有分支与次级分类项目；状态行，用以显示场景及当前命令的信息；提示行，显示关于当前正在使用或光标所指向工具的详细叙述；动画控制区，这里的按钮用来完成动画的制作，及设定当前时段的动画格数；视图控制区，这里的按钮只是改变场景中的视景，而并非是场景中的物体，牵扯到各种形式的缩放视景、平移视景，根据启动视图的形式，这些按钮本身也会有所改变。

同时 3ds max 支持界面定制个性化，单击【Customize】（自定义）菜单，选择【Load Custom UI Scheme】在弹出的对话框中可以选择定制您喜欢的界面类型。

2.1.1 界面布局

如图 1-1-1 所示的界面，介绍了 7 个主要的部分。

1. 视图区

3ds max 界面的最大区域被分成了四个相等的矩形区域，称为视图区(Viewports)。视图区是主要的操作区，每个视图区的左上角都有一个名称，默认的是 TOP、Front、Left、Perspectives 四个名称。每个视图区都是由水平线和垂直线组成，这些水平线和垂直线称为格栅，主格栅是中心部位的黑色水平线和垂直线，这两条线的交点的坐标是 $X=0$，$Y=0$，$Z=0$。Perspectives 视图的水平线和垂直线有透视效果。

为了操作方便，视图区的大小可以改变，将光标移动到视图区之间的分割线上，用拖拽的方法可以改变视图区的大小。在视图区左上角的名称上点击鼠标右键，通过点击 Views 可以选用不同的视图区。

2. 菜单栏

菜单栏位于界面的最上面，它包括了许多常用的菜单命令，如：Files、Edit、Tools、Group、Create 等十五个。菜单栏中的许多功能可以用快捷键和命令面板中的命令，多用快捷键可以提高工作效率，加快作图速度。

菜单栏中的常用命令。File 菜单栏下面的：

Open：用于打开扩展名为 max 的文件。

Save As：用一个新的文件名保存场景中的文件。

Merge：用于合并文件。将其他独立的文件或其他场景中的文件合并到当前的场景中。例如，用户在做一个室内空间的效果图，在另外一个场景中有很多已经做好的家具模型，如果要将这些家具放置到当前的场景中，就要用 Merge 命令。

Import：导入命令，将其他格式的三维模型放置到当前的场景中。例如，3d max 软件早期的 3ds 软件中的 3ds 格式，这种格式的三维模型就要用 Import 命令才能放置到当前的场景中。

Export：导出命令。在某些其他情况下，需要将 max 格式的文件转换成其他格式的文件，这需要用到 Export 命令。例如，将 max 格式转换成 3ds 格式。

Archive：归档命令。当 max 文件与贴图不在同一个目录下的时候，我们在其他电脑上打开文件，会弹出缺少外部文件的对话框。为了避免缺少贴图文件，在制作模型时可以将模型和贴图文件放置在同一个目录下。如果贴图来源于其他多个目录，可以用 Archive 命令将模型与贴图打包。例如：在模型制作完成后，选择 Archive 命令，在弹出的对话框中输入文件名，点击"保存"，可以以 ZIP 格式将模型文件与贴图文件打包为一个压缩文件，这样在其他电脑上打开这个模型文件时，就不会出现缺少贴图的情况。

Group 菜单栏下面的：

Group：群组命令。将场景中的多个物体组成一个群组，多个物体被当成了一个物体来处理，便于操作。

Ungroup：解除群组。将当前群组解除，群组中的物体成独立状态。

Open：打开群组。将群组打开，在群组状态下进行物体的编辑。

Close：将打开的群组关闭。

其他菜单栏中的命令在命令面板中也会出现。可以在命令面板中使用。

3. 工具栏

菜单栏下面有一行按钮，称为工具栏。工具栏中包括了许多常用的工具，例如选择工具、移动工具、渲染工具等。许多工具按钮并非只是单独的按钮，它还包含了多种工具按钮，可以进行不同的选择。

4. 命令面板

命令面板位于界面的右边，包含了 Create、Modify、Hierarchy、Motion、Display、Utilities 六个面板。

在命令面板中选择任何一个命令，该命令的相关选项也就显示出来。例如：单击"box"，创建方体时，Length、Width、Height 等参数就显示在命令面板上。有的命令有很多参数和选项，所有选项都以展栏卷的形式存在，在展栏卷的左侧有加号（+）或者减号（−）。当展栏卷的左侧是加号时，单击"展栏卷"，可以显示出相关命令的参数。当展栏卷的左侧是减号时，单击"展栏卷"，相关命令的参数隐藏。有的命令有许多展栏卷，为方便使用，在命令面板中将鼠标放在展栏卷的空白处，光标变成手的形状的时候，就可以移动展栏卷了。展栏卷也可以拖拽到命令面板的顶部，使用起来更加方便。

5. 提示栏

用来引导场景当中的相关操作，提示进行下一步操作，也显示了场景中的相关信息。

6. 状态栏

用来显示当前选择物体的位置，*X*、*Y* 和 *Z* 是物体的坐标轴，在这些坐标轴后面输入数字可以对选择物体进行准确的操作，如移动、旋转等。

7. 视图控制区

在 3d max 界面右下角的这一部分属于视图控制区，可以对操作中的一些具体的细节进行放大、缩小以及设置不同的角度进行观察，方便作图。

Zoom（缩小或放大）：缩小或放大激活的视窗。

Zoom All（缩小或放大所有的视窗）：缩小或放大所有的视窗。

Zoom Extents（将当前视窗中的物体缩放到最大的范围），Zoom Extents Selected（将视窗中的物体缩放到合适的范围）：这两个小工具重叠在一起，可以用鼠标点住选择使用，可以将激活的视窗中的所有物体以最大的方式显示。只能将视窗中选择的物体以最大的方式显示。

Zoom Extents All（将四个视窗中的物体缩放到最大的范围），Zoom Extents Selected All（将视窗中选择的物体缩放到最大的范围）：是将视窗中所有的物体以最大的方式显示。是将视窗中所选择物体以最大的方式显示。

Region Zoom（局部缩放）：在视窗中将物体局部进行缩放。

Pan（平移）：沿着任何方向平移视窗。

Arc Rotate（场景中的物体弧形旋转），Arc Rotate Selected（围绕选择对象弧形旋转），Arc Rotate Subject（围绕次对象弧形旋转）：围绕场景旋转视图，围绕选择对象旋转视图，围绕次对象旋转视图。

Maximize Viewport Toggle（视图切换）：在全屏和标准视窗中切换激活的视窗。

2.2 3ds max 建模初步

在制作装饰效果图时，常常会遇到复杂的建模工作，在这种情况下，一般是将复杂的场景分解成若干个单独的模型，然后运用合适的建模方法进行建模，最后将这些模型组装成复杂的场景。

3ds max 的建模方法大致有以下几种比较适合绘制表现图：

第一种是基本／扩展几何物体堆砌建模方法，对基本／扩展几何物体进行修改加工的建模方法。

第二种是从二维建模开始，参照 CAD 图纸、设计方案草图绘出二维图样或【Import】（导入）在 CAD 中绘制完成的 DWG、DXF 等格式的图纸文件，作适当修改后用【Loft】（放样）、【Extrude】（拉伸）等命令生成三维模型。

第三种是直接用 3ds max 创建命令面板中的三维建模工具来制作模型，然后用 Boolean（布尔运算）进行建模。相应的还有许多针对性的修改命令供调整使用。

第四种是应用 Editable Poly，通过对点、边、面的编辑来建模，用这种方法建模面数比较少，能提高渲染速度，缺点是修改比较麻烦。

其他的建模方式如：NURBS（曲面）建模方式，【Surface Mapper】建模方式等，在表现图的绘制中较少用到，就不逐一介绍了。

在实际操作中，各种建模方式不是互相独立的，实际是综合使用的，3ds max 中相同形象的模型或场景可以通过多种多样的途径与方法建成。依据每人的使用习惯肯定会有所差别，但统一的原则是精确、简约、高效。在建模时一定要考虑下面的原则。

（1）建模方法不是互相独立的，要灵活使用。为了便于修改，多用简便方法，例如：几何体的堆砌，少用一些复杂的建模方法，例如：NURBS 曲面建模。

（2）选用可以重复编辑的修改器，少用对修改结果难恢复的方法，如布尔运算。

利用 3ds max 作图，应该进行单位的设置。单击【Customize】（自定义）菜单，选择【Units Setup】（单位设定），弹出【Units Setup】（单位设定）单位设置控制面板，设定【Metric】（米制）的选项为【Milimeter】（毫米），单击 System Unit Setup 按钮，在弹出的【System Unit Setup】（系统单位设定）控制面板中设定【System Unit Scale】（系统单位比例）的选项为 Milimeter（毫米）。用户也可以设定单位为其他选项，单击选项框右侧的▾按钮就可以任选，通常情况下以毫米为单位。

在效果图制作当中，基本几何体和扩展几何物体主要用来创建一些简单的墙体、柱体等，这类物体面数少，易于修改，渲染速度快。

在建模过程中，也有很多模型是由二维转换成三维的，主要有以下几种方法：

（1）将二维线型直接渲染成三维效果。

利用二维线型的可渲染功能，直接渲染成三维效果。在 Rendering 下面，勾选☑ Enable In Renderer，就渲染出立体效果了。

（2）转换成没有厚度的物体。

将封闭的二维图形转换成可编辑的多边形。在二维图形选择状态下，用鼠标右键点击，出现菜单，点击“Convert to”，点击“Convert to Editable Poly”，将其转换成没有厚度的物体。在效果图制作当中，可以用来制作地面拼花、地毯等对厚度要求不高的物体。造型可以随意调整，灵活方便。

（3）添加合适的修改命令，将二维物体生成三维物体。

在这种建模方法中，通常将二维物体作为物体的剖面，通过添加诸如 Lathe、Extrude 等命令，使二维物体成为三维物体。在效果图制作建模中，多用来制作墙体、柱子等建筑构件，应用比较广泛。

（4）Loft（放样）生成三维物体。

在 3D 建模中，“Loft”是一个比较常用的命令，它的工作原理是画出物体的剖面和路径，用“Loft”命令生成三维物体。经常用来制作压线、窗帘、踢脚装饰构件。“Loft”通常和“Fit”（拟合）配合使用，用来制作较为复杂的三维模型，在物体剖面和路径的基础上，还要画出物体的顶视图和左视图。

在创建放样物体时，必须选择一个剖面图形或者路径。如果先选择路径，开始的剖面图形将被移动到路径上，使它的局部坐标系的 Z 轴与路径的起点相切。如果先选择剖面图形，将移动路径，使它的切线与剖面图形局部坐标系的 Z 轴对齐。指定的第一个剖面图形将沿着整个路径扫描，并且填满这个图形。为放样物体增加其他的剖面图形，必须先选择放样对象，然后指定剖面图形在路径上的位置，最后选择要加入的剖面图形。

插值在剖面图形之间创建表面，3d max 用每个剖面图形的表面创建。

附1：室内装饰设计员国家职业标准

1　职业概况

1.1　职业名称

室内装饰设计员。

1.2　职业定义

运用物质技术和艺术手段，对建筑物及飞机、车、船等内部空间进行室内环境设计的专业人员。

1.3　职业等级

本职业共设三个等级，分别为：室内装饰设计员（国家职业资格三级）、室内装饰设计师（国家职业资格二级）、高级室内装饰设计师（国家职业资格一级）。

1.4　职业环境

室内、常温、无尘。

1.5　职业能力特征

1.6　基本文化程度

大专毕业（或同等学力）。

1.7　培训要求

1.7.1　培训期限

全日制职业学校教育，根据其培养目标和教学计划确定。晋级培训期限：室内装饰设计员不少于200标准学时；室内装饰设计师不少于150标准学时；高级室内装饰设计师不少于100标准学时。

1.7.2　培训教师

培训室内装饰设计员的教师应具有本职业室内装饰设计师以上职业资格证书；培训室内装饰设计师的教师应具有本职业高级室内装饰设计师以上职业资格证书或相关专业中级以上专业技术职务任职资格；培训高级室内装饰设计师的教师应具有本职业高级室内装饰设计师以上职业资格证书3年以上或相关专业高级以上专业技术职务任职资格。

1.7.3　培训场地设备

满足教学需要的标准教室和具有必备的工具和设备的场所。

1.8　鉴定要求

1.8.1　适用对象

从事或准备从事本职业的人员。

1.8.2　申报条件

——室内装饰设计员（具备以下条件之一者）

（1）经本职业室内装饰设计员正规培训达规定标准学时数，并取得毕（结）业证书。

（2）连续从事本职业工作4年以上。

(3) 大专以上本专业或相关专业毕业生，连续从事本职业工作 2 年以上。

——室内装饰设计师（具备以下条件之一者）

(1) 取得本职业室内装饰设计员职业资格证书后，连续从事本职业工作 3 年以上，经本职业室内装饰设计师正规培训达规定标准学时数，并取得毕（结）业证书。

(2) 取得本职业室内装饰设计员职业资格证书后，连续从事本职业工作 5 年以上。

(3) 连续从事本职业工作 7 年以上。

(4) 取得本职业室内装饰设计员职业资格证书的高级技工学校本职业（专业）毕业生，连续从事本职业工作 3 年以上。

(5) 取得本职业或相关专业大学本科毕业证书，连续从事本职业工作 5 年以上。

(6) 取得本职业或相关专业硕士研究生学位证书，连续从事本职业工作 2 年以上。

——高级室内装饰设计师（具备以下条件之一者）

(1) 取得本职业室内装饰设计师职业资格证书后，连续从事本职业工作 3 年以上，经本职业高级室内装饰设计师正规培训达规定标准学时数，并取得毕（结）业证书。

(2) 取得本职业室内装饰设计师职业资格证书后，连续从事本职业工作 5 年以上。

(3) 取得本职业或相关专业大学本科毕业证书，连续从事本职业工作 8 年以上。

(4) 取得本职业或相关专业硕士研究生学位证书，连续从事本职业工作 5 年以上。

1.8.3　鉴定方式

分为理论知识考试和技能操作考核。理论知识考试采用闭卷笔试方式，技能操作考核采用现场实际操作方式。理论知识考试和技能操作考核均实行百分制，成绩皆达 60 分以上者为合格。室内装饰设计师、高级室内装饰设计师还须进行综合评审。

1.8.4　考评人员与考生配比

理论知识考试考评人员与考生配比为 1 ∶ 20，每个标准教室不少于 2 名考评人员；技能操作考核考评员与考生配比为 1 ∶ 5，且不少于 3 名考评员。综合评审委员不少于 5 人。

1.8.5　鉴定时间

理论知识考试时间不少于 180min；技能操作考核时间不少于 360min。综合评审时间不少于 30min。

1.8.6　鉴定场所设备

理论知识考试在标准教室进行，技能操作考核在具有必备的工具、设备的现场进行。

2　基本要求

2.1　职业道德

2.1.1　职业道德基本知识

2.1.2　职业守则

(1) 遵纪守法，服务人民。

(2) 严格自律，敬业诚信。

(3) 锐意进取，勇于创新。

2.2　基础知识

2.2.1　中外建筑、室内装饰基础知识

(1) 中外建筑简史。

(2) 室内设计史概况。

(3) 室内设计的风格样式和流派知识。

(4) 中外美术简史。

2.2.2　艺术设计基础知识

(1) 艺术设计概况。

(2) 设计方法。

(3) 环境艺术。

(4) 景观艺术。

2.2.3　人体工程学的基础知识

2.2.4　绘图基础知识

2.2.5　应用文写作基础知识

2.2.6　计算机辅助设计基础知识

2.2.7　相关法律、法规知识

(1) 劳动法的相关知识。

(2) 建筑法的相关知识。

(3) 著作权法的相关知识。

(4) 建筑内部装修防火规范的相关知识。

(5) 合同法的相关知识。

(6) 产品质量法的相关知识。

(7) 标准化法的相关知识。

(8) 计算机软件保护条例的相关知识。

3　工作要求

本标准对室内装饰设计员、室内装饰设计师和高级室内装饰设计师的技能要求依次递进，高级别包括低级别的要求。

3.1　室内装饰设计员（表 1-1-1）

3.2　室内装饰设计师（表 1-1-2）

3.3　高级室内装饰设计师（表 1-1-3）

室内装饰设计员工作要求

表1-1-1

职业功能	工作内容	技能要求	相关知识
一、设计准备	（一）项目功能分析	1. 能够完成项目所在地域的人文环境调研 2. 能够完成设计项目的现场勘测 3. 能够基本掌握业主的构想和要求	1. 民俗历史文化知识 2. 现场勘测知识 3. 建筑、装饰材料和结构知识
	（二）项目设计草案	能够根据设计任务书的要求完成设计草案	1. 设计程序知识 2. 书写表达知识
二、设计表达	（一）方案设计	1. 能够根据功能要求完成平面设计 2. 能够将设计构思绘制成三维空间透视图 3. 能够为用户讲解设计方案	1. 室内制图知识 2. 空间造型知识 3. 手绘透视图方法
	（二）方案深化设计	1. 能够合理选用装修材料，并确定色彩与照明方式 2. 能够进行室内各界面、门窗、家具、灯具、绿化、织物的选型 3. 能够与建筑、结构、设备等相关专业配合协调	1. 装修工艺知识 2. 家具与灯具知识 3. 色彩与照明知识 4. 环境绿化知识
	（三）细部构造设计与施工图绘制	1. 能够完成装修的细部设计 2. 能够按照专业制图规范绘制施工图	1. 装修构造知识 2. 建筑设备知识 3. 施工图绘图知识
三、设计实施	（一）施工技术工作	1. 能够完成材料的选样 2. 能够对施工质量进行有效的检查	1. 材料的品种、规格、质量校验知识 2. 施工规范知识 3. 施工质量标准与检验知识
	（二）竣工技术工作	1. 能够协助项目负责人完成设计项目的竣工验收 2. 能够根据设计变更协助绘制竣工图	1. 验收标准知识 2. 现场实测知识 3. 竣工图绘制知识

室内装饰设计师工作要求

表1-1-2

职业功能	工作内容	技能要求	相关知识
一、设计创意	（一）设计构思	能够根据项目的功能要求和空间条件确定设计的主导方向	1. 功能分析常识 2. 人际沟通常识 3. 设计美学知识 4. 空间形态构成知识 5. 手绘表达方法
	（二）功能定位	能够根据业主的使用要求对项目进行准确的功能定位	
	（三）创意草图	能够绘制创意草图	
	（四）设计方案	1. 能够完成平面功能分区、交通组织、景观和陈设布置图 2. 能够编制整体的设计创意文案	1. 方案设计知识 2. 设计文案编辑知识
二、设计表达	（一）综合表达	1. 能够运用多种媒体全面地表达设计意图 2. 能够独立编制系统的设计文件	1. 多种媒体表达方法 2. 设计意图表现方法 3. 室内设计规范与标准知识
	（二）施工图绘制与审核	1. 能够完成施工图的绘制与审核 2. 能够根据审核中出现的问题提出合理的修改方案	1. 室内设计施工图知识 2. 施工图审核知识 3. 各类装饰构造知识
三、设计实施	（一）设计与施工的指导	能够完成施工现场的设计技术指导	1. 设计施工技术指导知识 2. 技术档案管理知识
	（二）竣工与验收	1. 能够完成施工项目的竣工验收 2. 能够根据设计变更完成施工项目的竣工验收	
四、设计管理	设计指导	1. 能够指导室内装饰设计员的设计工作 2. 能够对室内装饰设计员进行技能培训	专业指导与培训知识

高级室内装饰设计师工作要求 **表1-1-3**

职业功能	工作内容	技能要求	相关知识
一、设计定位	设计系统总体规划	1. 能够完成大型项目的总体规划设计 2. 能够控制复杂项目的全部设计程序	1. 总体规划设计知识 2. 设计程序知识
二、设计创意	总体构思创意	1. 能够提出系统空间形象创意 2. 能够提出使用功能调控方案	创意思维与设计方法
三、设计表达	总体规划设计	1. 能够运用各类设计手段进行总体规划设计 2. 能够准确运用各类技术标准进行设计	建筑规范与标准知识
四、设计管理	（一）组织协调	1. 能够合理组织相关设计人员完成综合性设计项目 2. 能够在设计过程中与业主、建筑设计方、施工单位进行总体协调	1. 管理知识 2. 公共关系知识
	（二）设计指导	能够对设计员、设计师的设计工作进行指导	室内设计指导理论知识
	（三）总体技术审核	能够运用技术规范进行各类设计审核	1. 专业技术规范知识 2. 专业技术审核知识
	（四）设计培训	能够对设计员、设计师进行技能培训	1. 教育学的相关知识 2. 心理学的相关知识
	（五）监督审查	1. 能够完成各等级设计方案可行性的技术审查 2. 能够对设计员、设计师所作设计进行全面监督、审核 3. 能够对整个室内设计项目全面负责	1. 技术监督知识 2. 项目主持人相关知识

4 比重表

4.1 理论知识（表1-1-4）

鉴定考评项目比重表 **表1-1-4**

项目			室内装饰设计员（%）	室内装饰设计师（%）	高级室内装饰设计师（%）
基本要求	职业道德		5	5	5
	基础知识		15	10	10
相关知识	设计准备	项目功能分析	5	—	—
		项目设计草案	15	—	—
	设计创意	设计构思	—	10	—
		功能定位	—	10	—
		创意草图	—	10	—
		设计方案	—	10	—
		总体构思创意	—	—	15
	设计定位	设计系统总体规划	—	—	10
	设计表达	方案设计	15	—	—
		方案深化设计	10	—	—
		细部构造设计与施工图	15	—	—
		综合表达	—	10	—
		施工图绘制与审核	—	10	—
		总体规划设计	—	—	10

续表

项目			室内装饰设计员（%）	室内装饰设计师（%）	高级室内装饰设计师（%）
相关知识	设计实施	施工技术工作	10	—	—
		竣工技术工作	10	—	—
		竣工与验收	—	10	—
		设计与施工的指导	—	10	—
	设计管理	组织协调	—	—	12
		设计指导	—	5	10
		总体技术审核	—	—	8
		设计培训	—	—	10
		监督审查	—	—	10
合计			100	100	100

4.2 技能操作（表1—1—5）

技能操作考核表 **表1—1—5**

项目			室内装饰设计员（%）	室内装饰设计师（%）	高级室内装饰设计师（%）
技能要求	设计准备	项目功能分析	5	—	—
		项目设计草案	20	—	—
	设计创意	设计构思	—	10	—
		功能定位	—	10	—
		创意草图	—	10	—
		设计方案	—	10	—
		总体构思创意	—	—	20
	设计定位	设计系统总体规划	—	—	15
	设计表达	方案设计	20	—	—
		方案深化设计	15	—	—
		细部构造设计与施工图	20	—	—
		综合表达	—	15	—
		施工图绘制与审核	—	15	—
		总体规划设计	—	—	15
	设计实施	施工技术工作	10	—	—
		竣工技术工作	10	—	—
		竣工与验收	—	10	—
		设计与施工的指导	—	10	—
	设计管理	组织协调	—	—	12
		设计指导	—	10	10
		总体技术审核	—	—	8
		设计培训	—	—	10
		监督审查	—	—	10
合计			100	100	100

附 2：优秀设计案例及分析

图 1–1–4 ～图 1–1–7 是具体实际工程的效果图，它对于学习建筑装饰效果图制作的学生有现实的指导意义。这些效果图的建模较为严谨，光源布置合理，材质表现基本到位，注重对比关系及画面的视觉效果。

图 1–1–4　艺术馆大厅

图 1–1–5　接待室

图 1-1-6 餐厅

图 1-1-7 医院大厅

【思考题和练习题】

1. 用户是否可以定制用户界面？

2. 如何设置 3ds max 的系统单位？

3. 如何在不同的视窗之间切换，如何使窗口最大最小化，如何推拉一个窗口？

4. 主工具栏中各个按钮的主要作用是什么？

2 模块 2　居住空间

【知识点】基本命令、二维到三维的建模过程、VRay 材质编辑、相机设置、VRay 渲染器。

【学习目标】通过客厅效果图的制作，使学生掌握 3ds　max 软件的运用。学习家具建模、空间建模、材质编辑、相机设置、场景渲染等软件操作技术。

学习情境　简约客厅

1　学习目标

（1）熟悉 3ds max 的基本命令及相关参数。

（2）掌握 Loft 命令、Extrude 命令，多边形编辑命令的使用及相关参数。

（3）能够根据创意进行家具及空间的建模。

（4）掌握材质编辑、灯光设置、渲染流程。

2　相关知识

设计方案，相关建模命令，材质编辑，光源设置，场景渲染。

3　项目单元

3.1　家具建模与空间建模

3.1.1　三人沙发及休闲凳建模

单位设置完成后，可以通过创建一些简单的家具，来体会一下 3ds max 究竟是如何建模的。

（1）三人沙发的创建过程。在视图的任意位置单击，该视图的周边会出现一个亮黄色的界框，表明该视图已经被激活，激活前视图。

（2）单击按钮，打开创建命令面板，单击按钮，单击 Rectangle 按钮，在前视图画出 550，230 的矩形，以此为参照物，单击 Line 作出如图 2–1–1 所示图形。

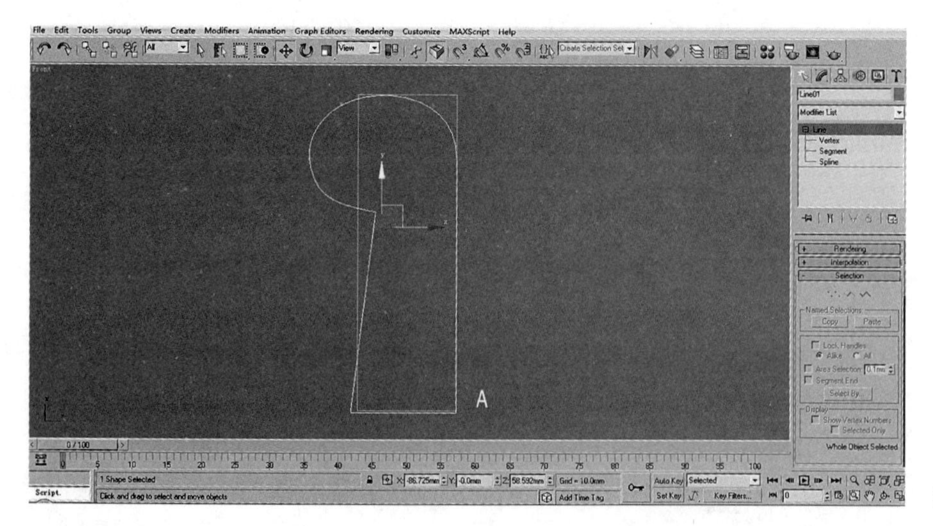

图 2–1–1

在前视图中用 shift 键加将图 2–1–1 中 A 图复制，用 Line 工具在顶视图中做一条 900 长的直线 L，如图 2–1–2 所示。

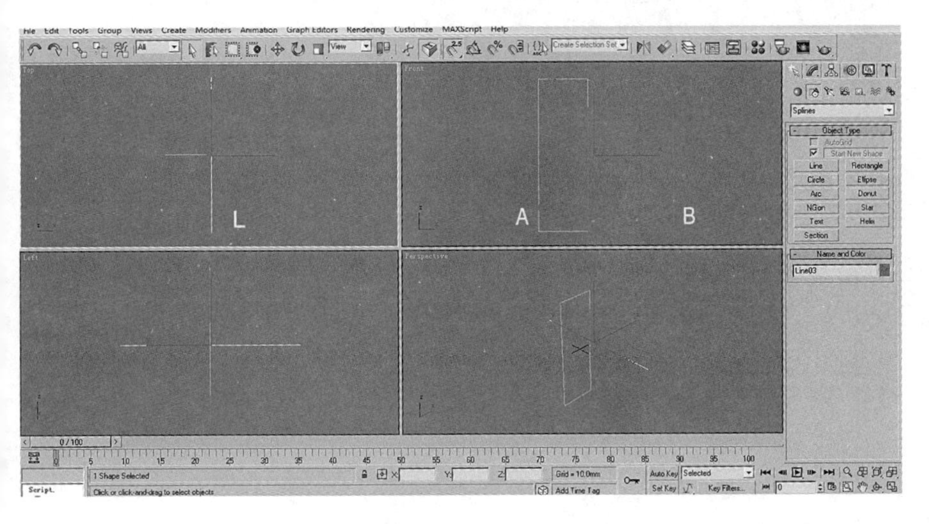

图 2–1–2

（3）选择直线 L，单击按钮，单击下面的，选 Compound Objects，单击 Loft ，单击 Get Shape ，单击图 2–1–2 中 A 图，单击 On，Path 后面输入 100，如 Path: 100.0 ，单击 Get Shape ，单击图 2–1–2 中 B 图，如图 2–1–3 所示。选择 Loft01，单击，单击 + Deformations ，单击 Bevel ，单击，添加节点。单击，移动，倒角。如图 2–1–4 所示。

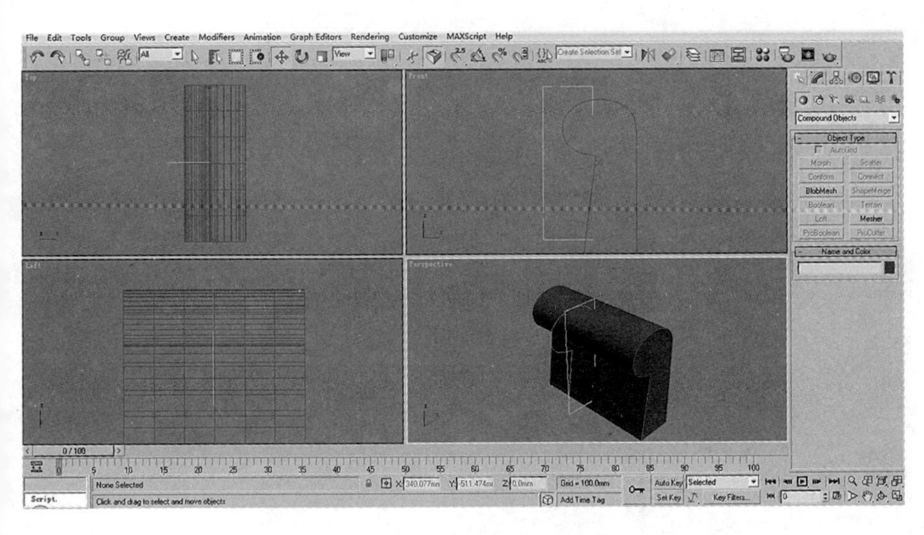
图 2–1–3

（4）单击按钮，单击，单击，单击 Extended Primitives，单击 ChamferBox ，在顶视图做 Chamfer Box、参数及模型效果如图 2–1–5 所示。做沙发垫子。单击按钮，单击，单击 Box ，做 box，参数如图 2–1–6 所示。单击，单击下拉式箭头，选择 MeshSmooth，Lterations 后输入 2

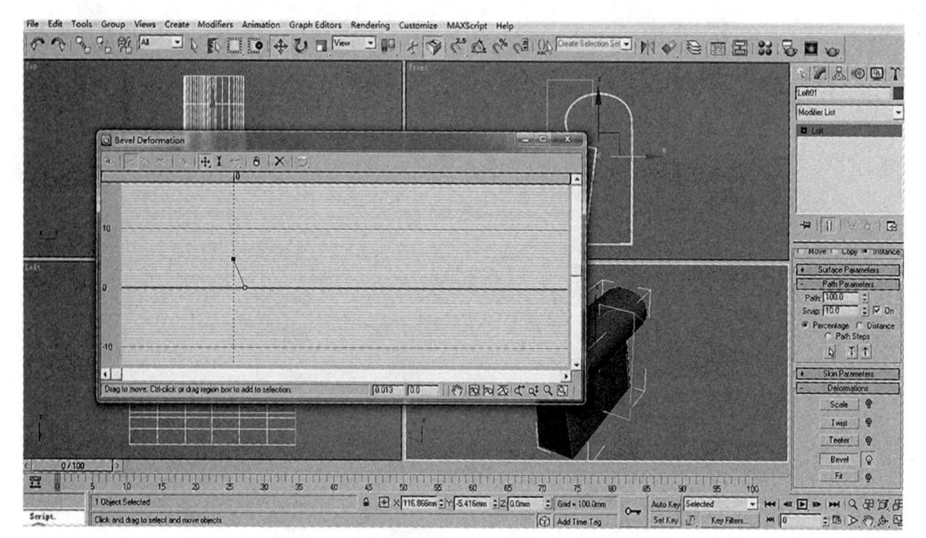

图 2–1–4

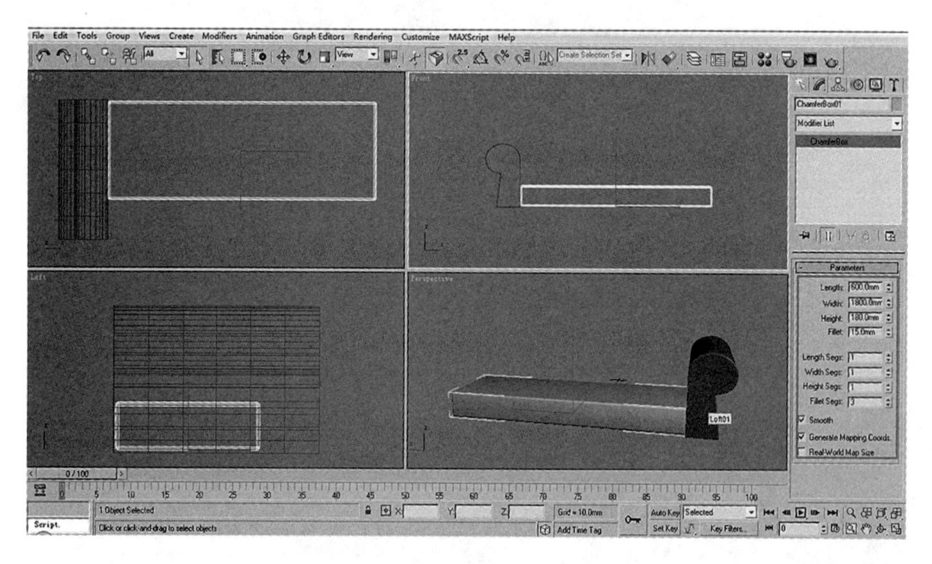

图 2–1–5

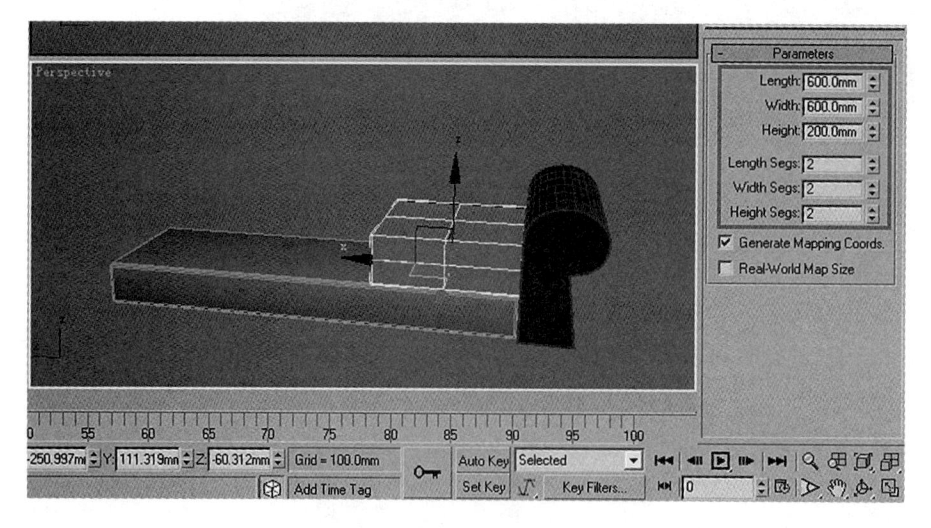

图 2–1–6

Iterations: 2，单击 Local Control 下面的，在顶视图中，配合键盘上的 Ctrl 键，选择四个角的点，将 Weight 后面的参数改为 5，在前视图中配合键盘上的 Alt 键，减选下面两排的点，将 Weight 后面的参数改为 0，如图 2–1–7、图 2–1–8 所示。

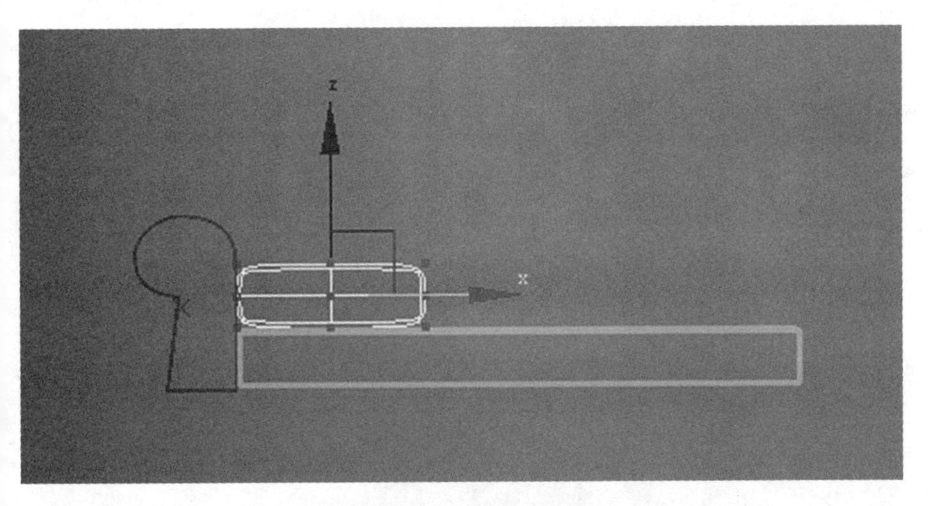

图 2–1–7

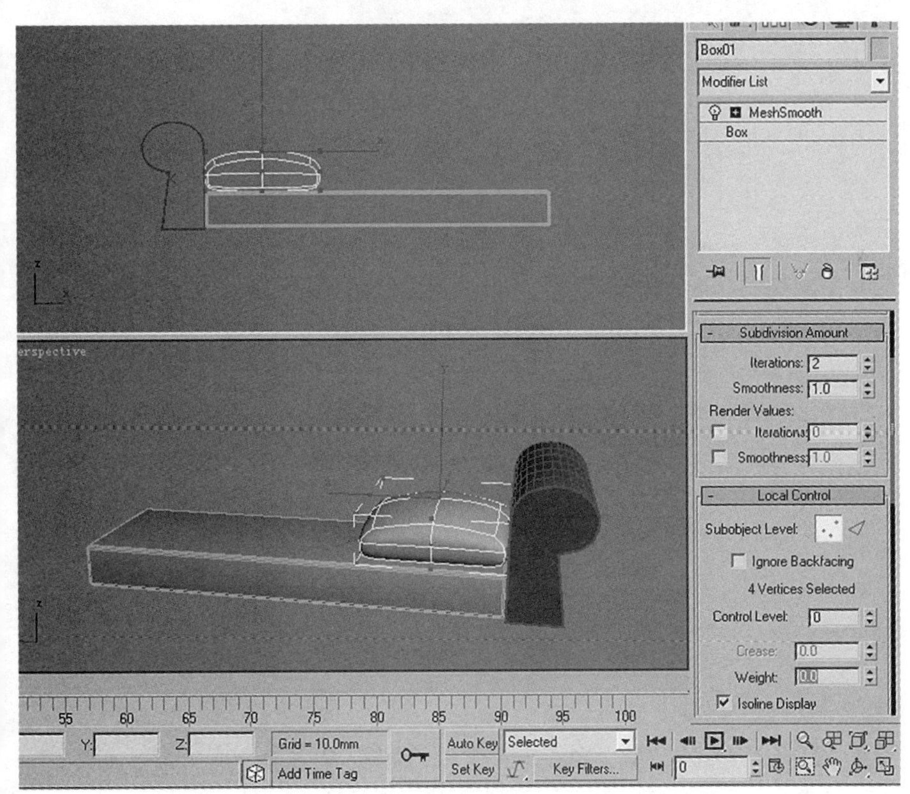

图 2–1–8

配合键盘上的 shift 键，用进行复制，创建沙发的其他部分。如图 2–1–9 所示。

（5）沙发靠背，单击按钮，单击，单击 Box ，参数及效果如图 2–1–10 所示。单击，单击下拉式箭头，选择 FFD（box），单击

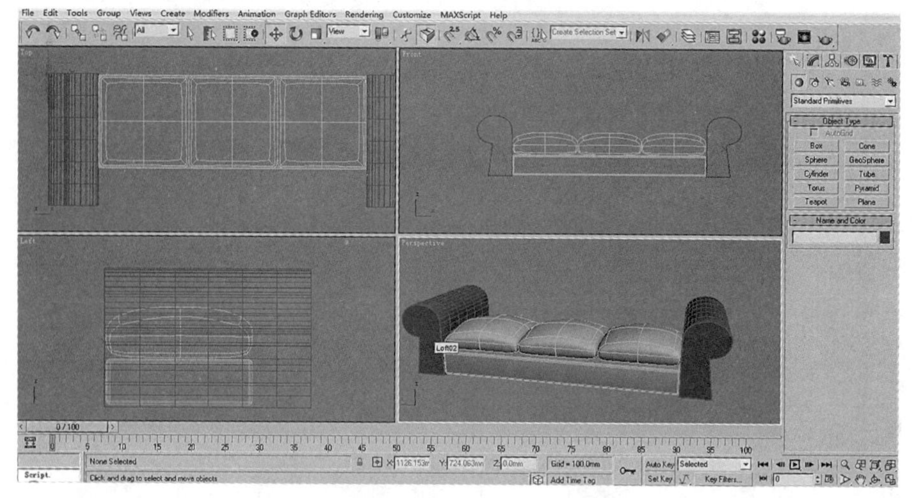

图 2–1–9

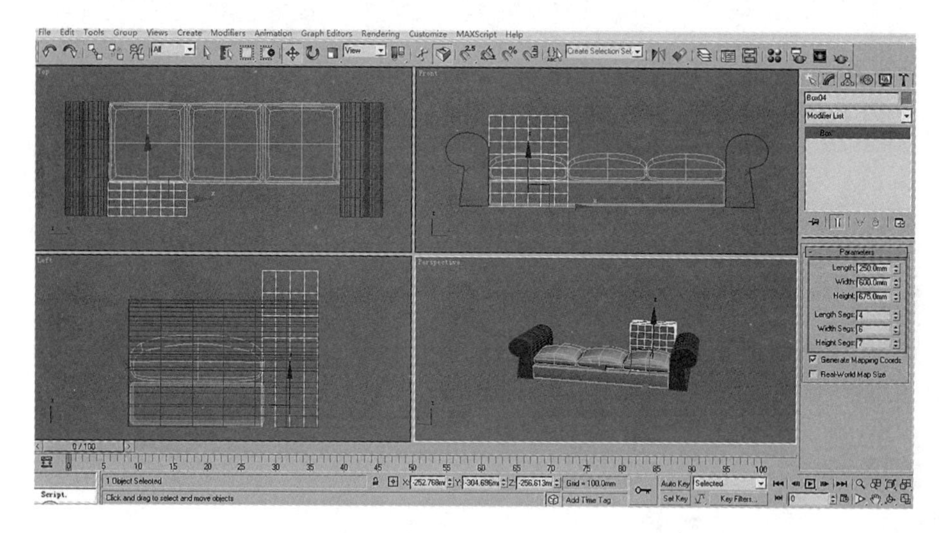

图 2–1–10

Set Number of Points，出现对话框，设置 Length：4，Width：7，Height：7，单击“OK”。单击“FFD（box）4×7×7”，单击“Control Point”，单击，选择控制点，在视图中调整控制点的位置，如图 2–1–11 所示。添加 MeshSmooth，Lterations 后输入 2 Iterations: 2，将 box04 复制，作为沙发的另一半。做靠背中间部分，在顶视图做 box，参数如图 2–1–12 所示，添加，选择 FFD（box），单击 Set Number of Points，出现对话框，设置 Length：4，Width：7，Height：7，单击“OK”。单击“FFD（box）4×7×7”，单击“Control Point”，单击，选择控制点，在视图中调整控制点的位置，如图 2–1–13 所示。添加 MeshSmooth，Lterations 后输入 2 Iterations: 2，如图 2–1–14 所示，完成三人沙发的建模。配套操作文件 / 简约客厅 / 三人沙发 .max 文件（配套操作文件，请联系出版社获取，邮箱：cabp–gzzs@163.com）。

（6）制作休闲凳。单击按钮，单击，单击，单击 Extended Primitives，单击 ChamferBox，在顶视图做 Chamfer Box、参数及模型效果如图

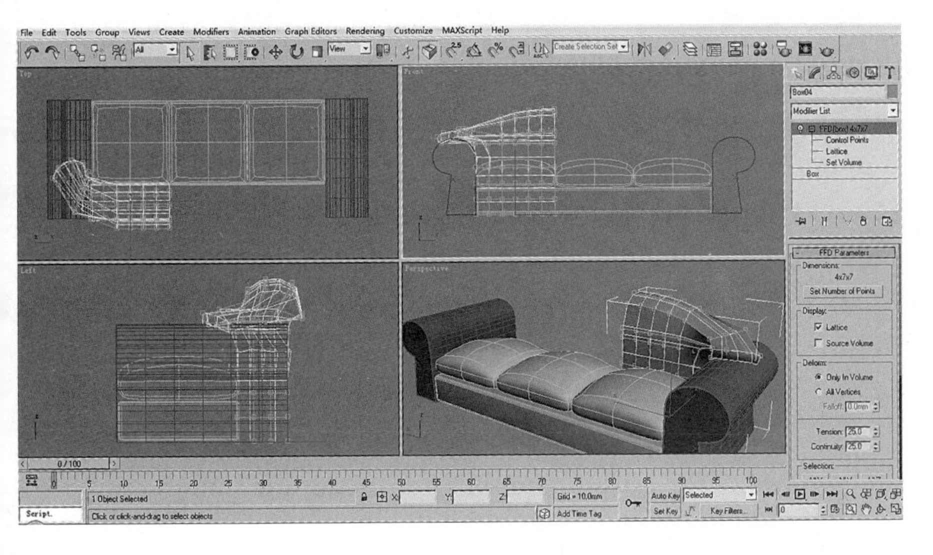

图 2-1-11

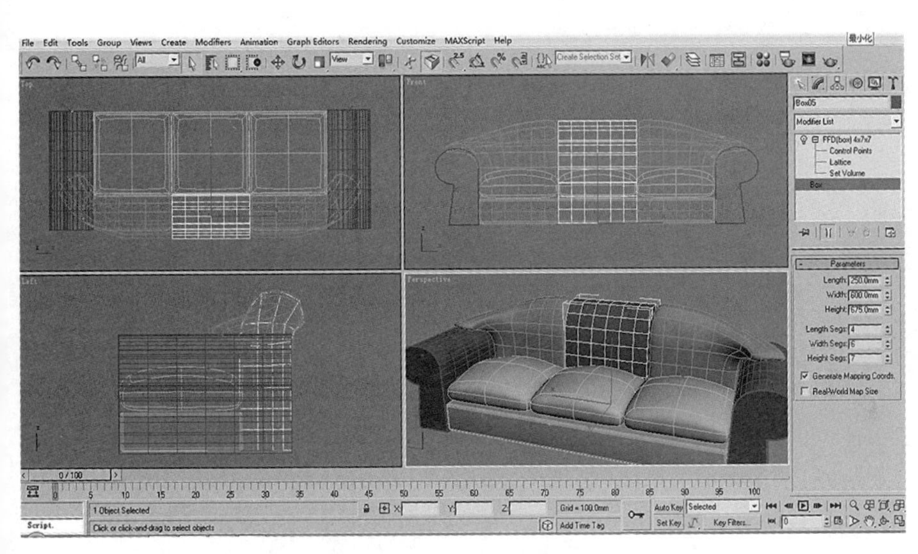

图 2-1-12

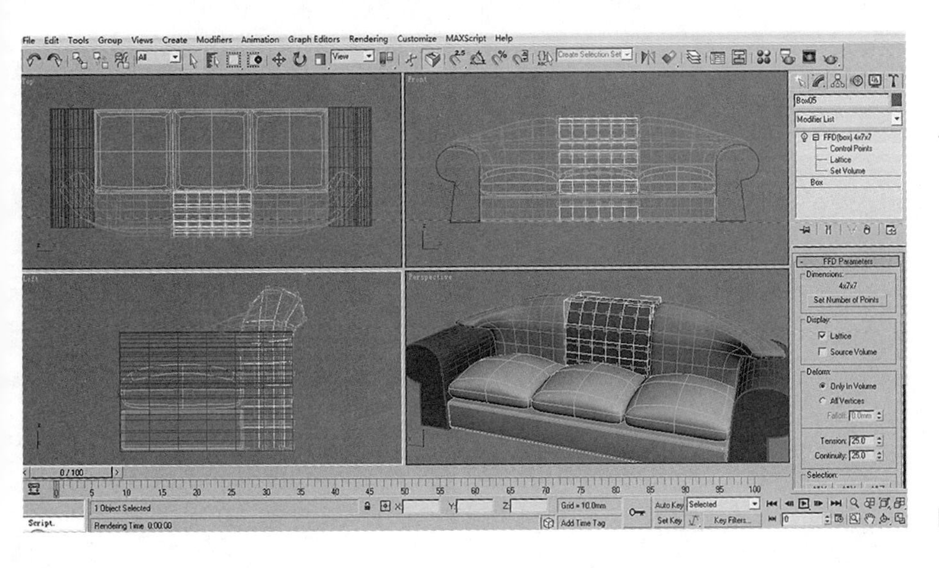

图 2-1-13

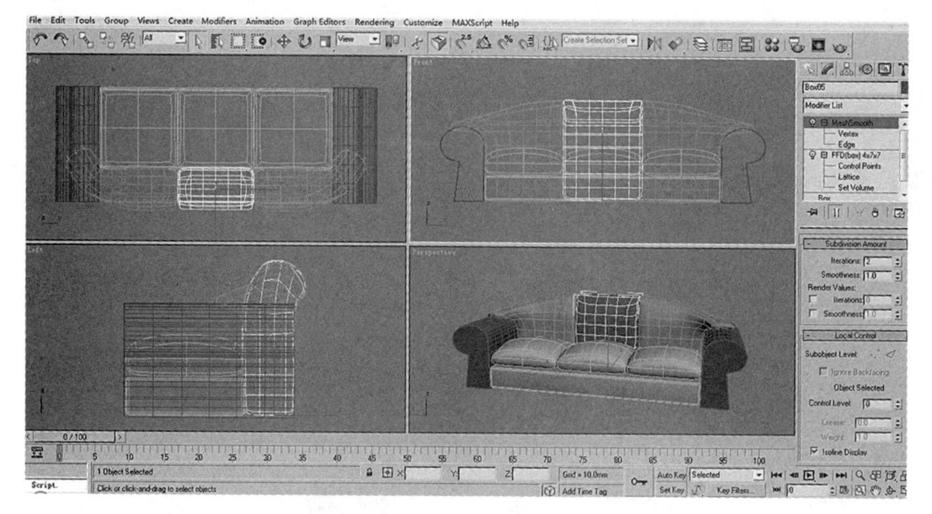

图 2-1-14

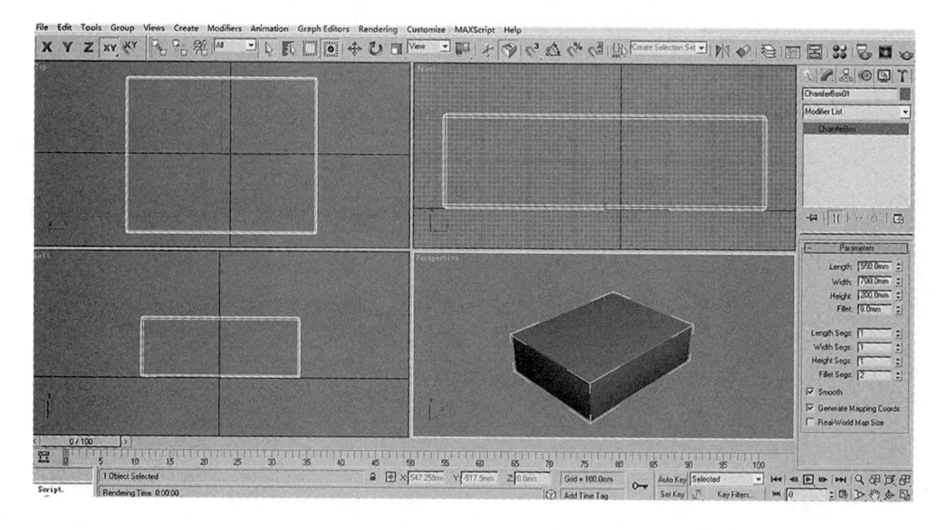

图 2-1-15

2-1-15 所示。单击按钮，制作沙发凳腿，单击，单击 Box ，在顶视图做 box，参数如图 2-1-16 所示。将腿 1 复制，移动，如图 2-1-17 所示。配套操作文件 / 简约客厅 / 休闲凳 .max 文件。

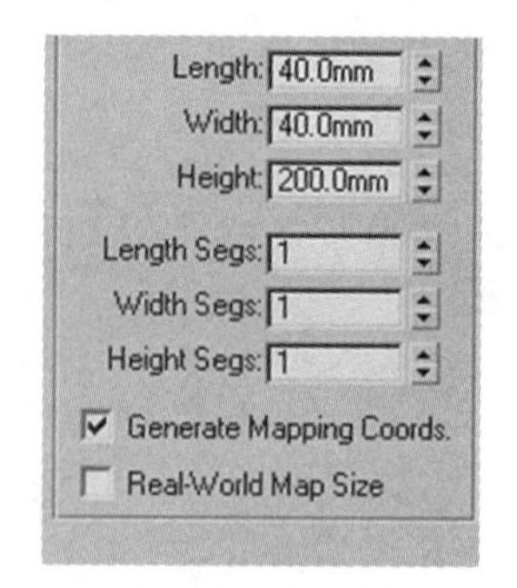

图 2-1-16

3.1.2 茶几建模

（1）制作茶几面。单击按钮，打开创建命令面板，单击按钮，单击 Rectangle 按钮，在顶视图做 750，1200 的矩形，单击，单击下拉式箭头，选择 Edit Spline，单击，在顶视图选择 4 个点，在 Chamfer 后面输入 80。茶几面倒角。单击 Line ，在前视图做如图 2-1-18 所示图形。选择茶几面，单击，单击下拉式箭头，选择 Bevel Profile，单击 Pick Profile ，鼠标点击轮廓，制作出茶几面。如图 2-1-19 所示。

（2）制作茶几腿。单击按钮，单击 Rectangle 按钮，在顶视图分别做 45，45 和 25，25 的矩形两个。单击 Line ，在前视图画一条长 400 毫米

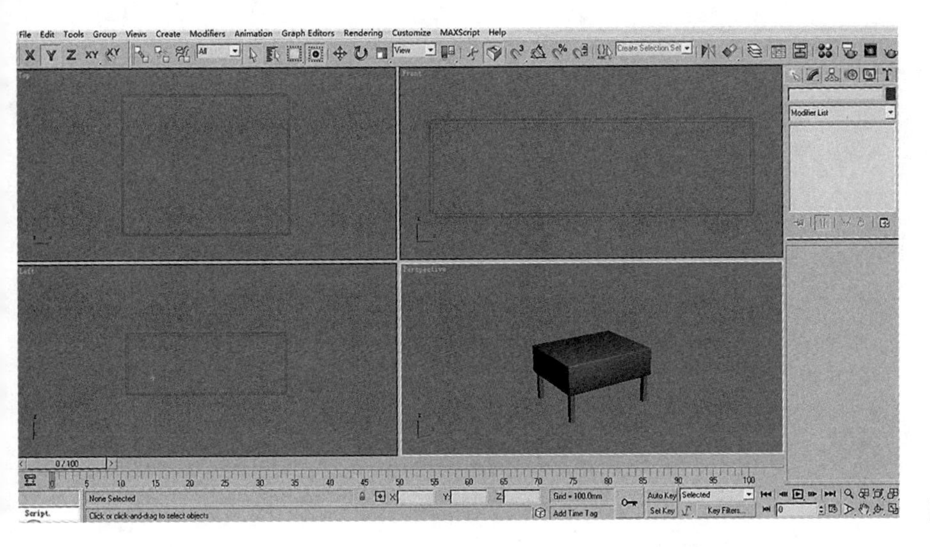

图 2-1-17

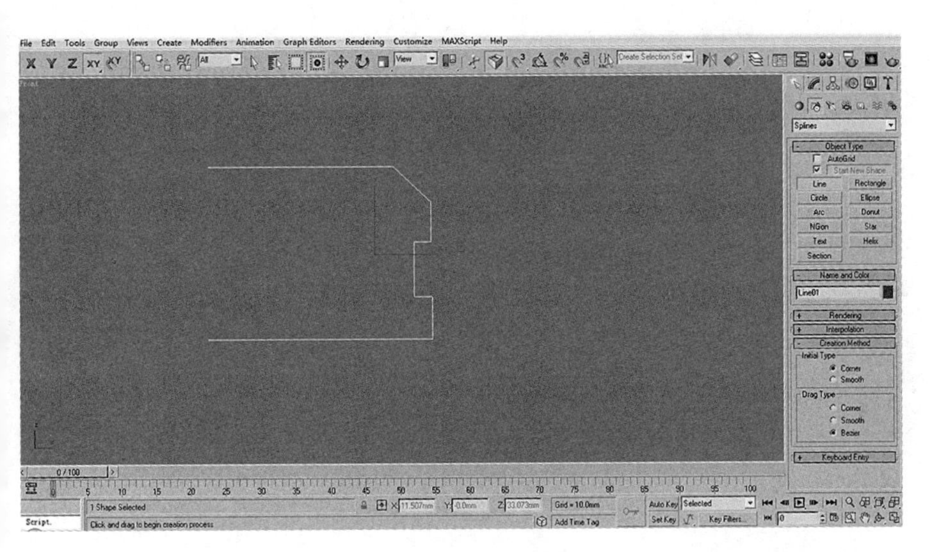

图 2-1-18

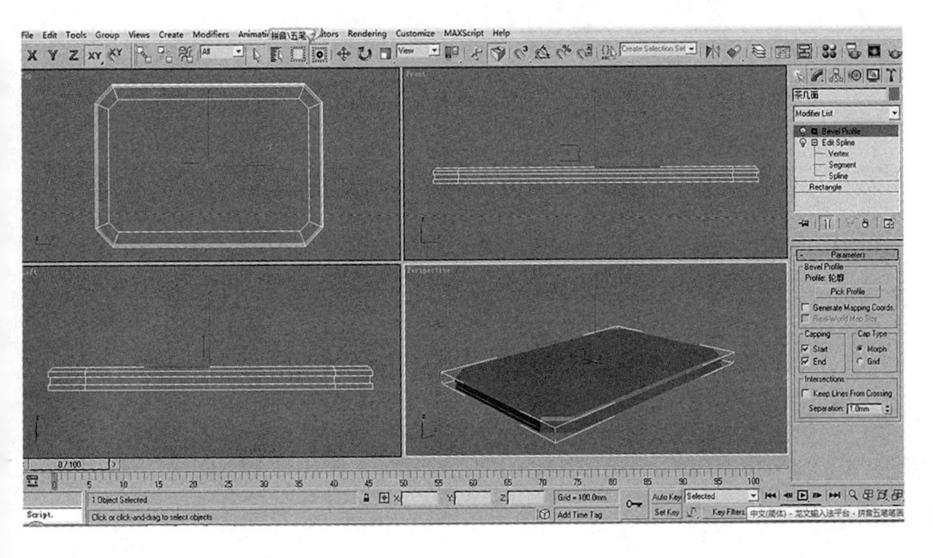

图 2-1-19

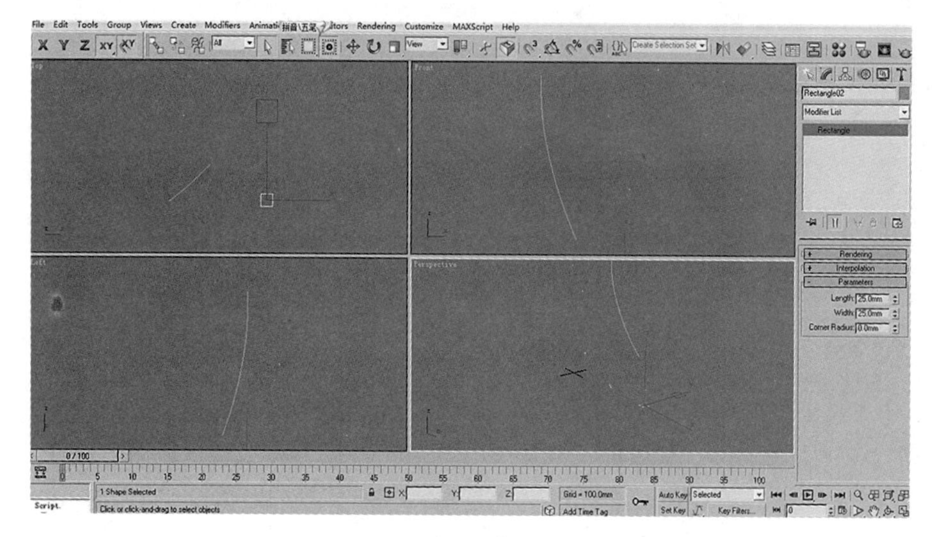

图 2-1-20

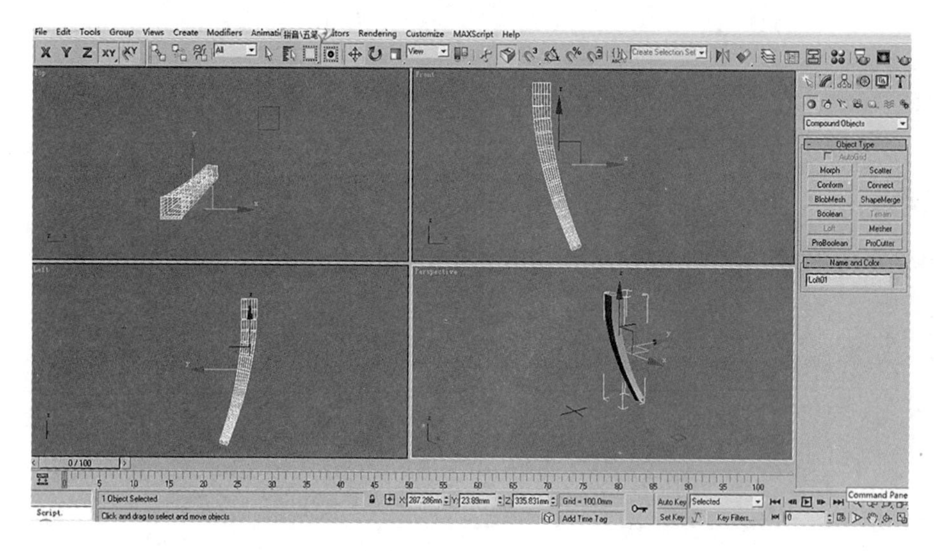

图 2-1-21

的曲线，如图 2-1-20 所示。选择曲线，单击按钮，单击，单击，选择 Compound Objects，单击 Loft ，单击 Get Shape ，单击 45×45 的矩形，单击 On，Path 后面输入 100，如，Path: 100.0 ，单击 Get Shape ，单击 25×25 的矩形，如图 2-1-21 所示。单击，去掉 Skin 前面的勾，单击 Loft，单击 Shape，如图 2-1-22 所示。单击 Compare ，出现对话框，依次单击图 2-1-23 所示图标。再依次单击图 2-1-24 所示图标。恢复 Skin 前面的勾。

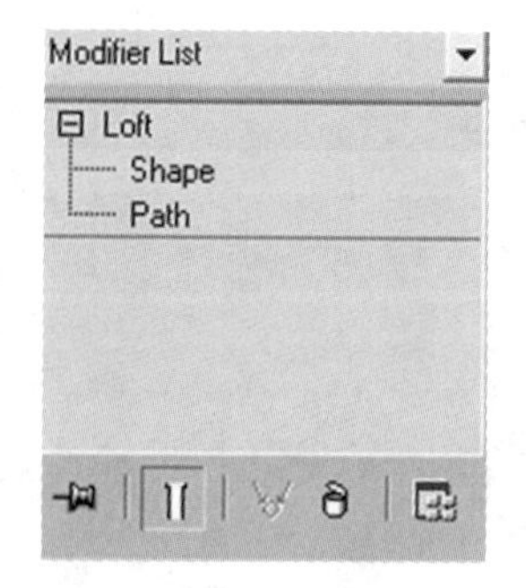

图 2-1-22

(3) 将茶几腿复制，用工具，与茶几面组合。如图 2-1-25 所示。配套操作文件 / 简约客厅 / 茶几 .max 文件。

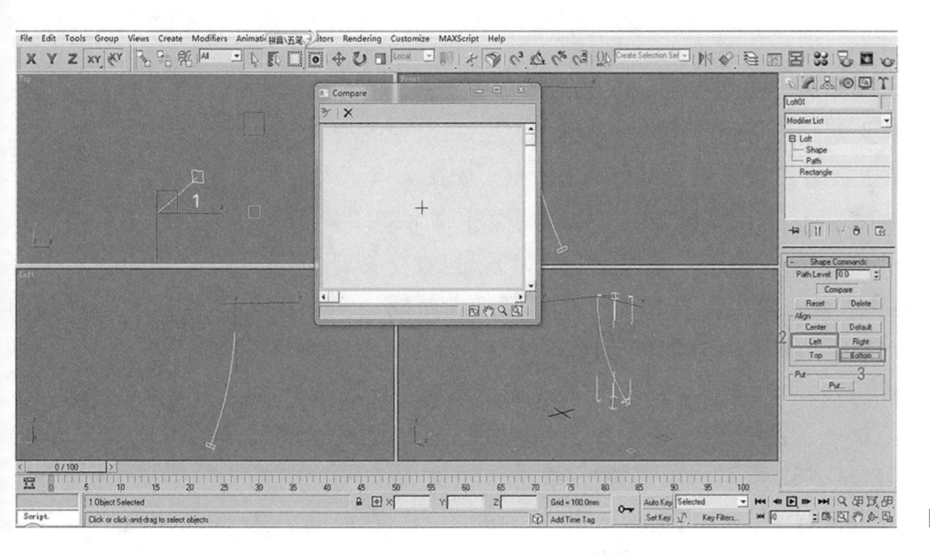

图 2—1—23

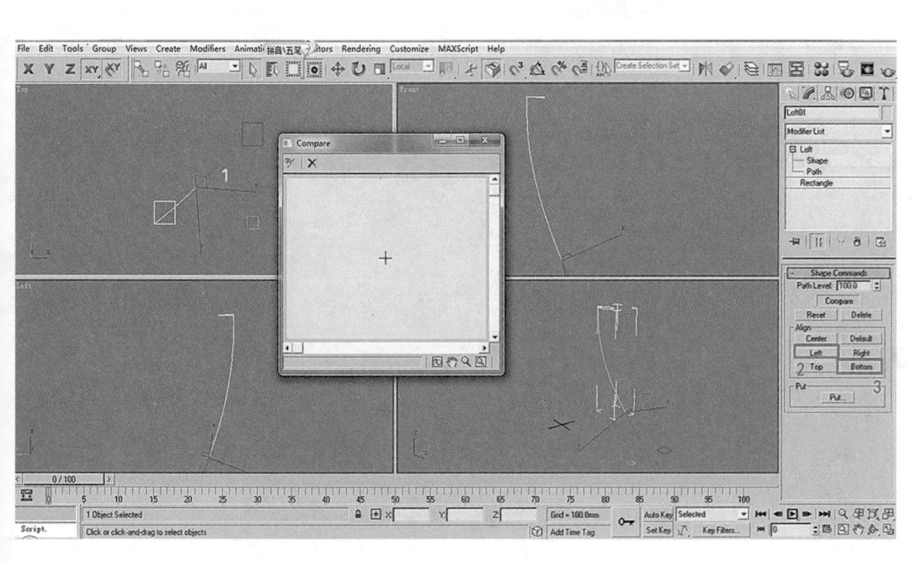

图 2—1—24

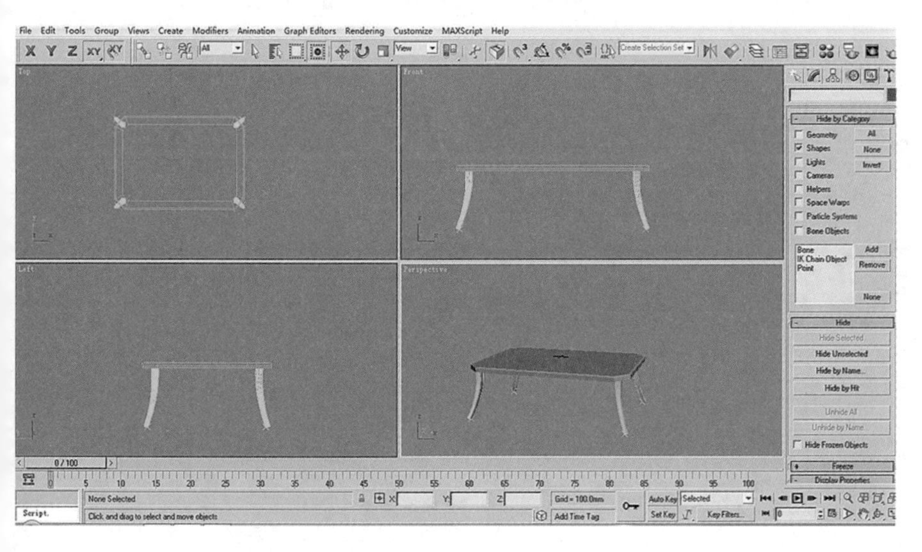

图 2—1—25

3.1.3　玻璃饰品建模

制作茶几上的玻璃饰品。在顶视图做多边形，如图 2–1–26 所示。单击，单击下拉式箭头，选择 Edit Spline，单击，在顶视图框选多边形，在所选的点上单击鼠标右键，选择 Bezier Corner，如图 2–1–27 所示，打开 Lock Handles，如图 2–1–28 所示，在顶视图调整手柄，如图 2–1–29 所示。关闭 Edit Spline，在前视图向下复制三个，分别是 Ngon02、Ngon03、Ngon04，如图 2–1–30 所示。单击按钮，打开创建命令面板，单击按钮，单击 Line，在前视图画一条曲线，命名为 A，分别选择 Ngon02、Ngon03、Ngon04 三条线，分别单击，沿 A 线的弧度进行缩放，如图 2–1–31 所示。选择 Ngon01，单击 Attach，依次单击 Ngon02、Ngon03、Ngon04，将 4 条线焊接，如图 2–1–32 所示。单击，单击下拉式箭头，选择 Cross Section，打开 Bezier，单击如图 2–1–33 所示的图标，在前视图框选最下面的点，如图 2–1–34 所示，单击 Fuse，汇聚成一点，在 Cross Section 下，在 Ngon01 上单击鼠标右键，选择 Convert to Editable Spline，如

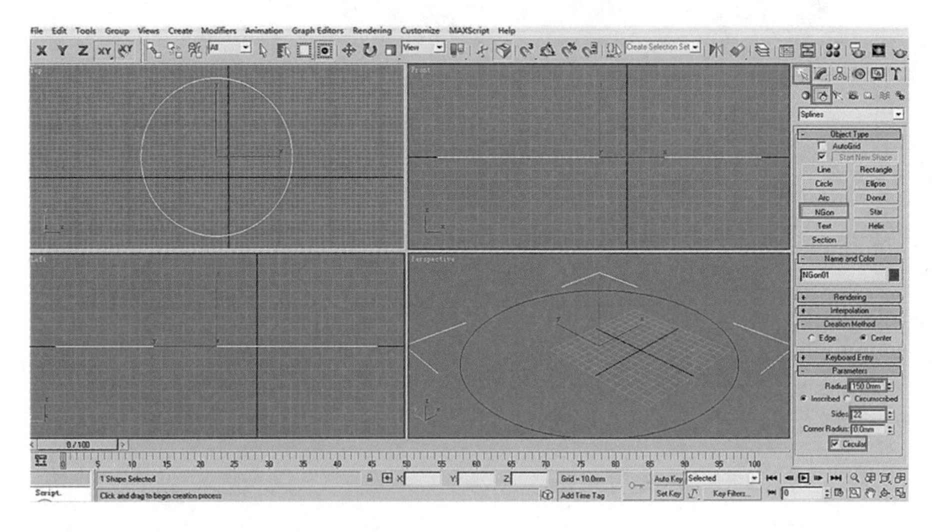

图 2–1–26

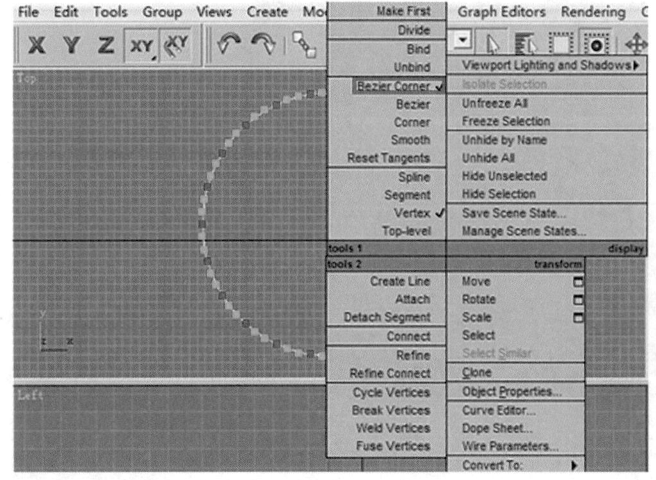

图 2–1–27（左）
图 2–1–28（右）

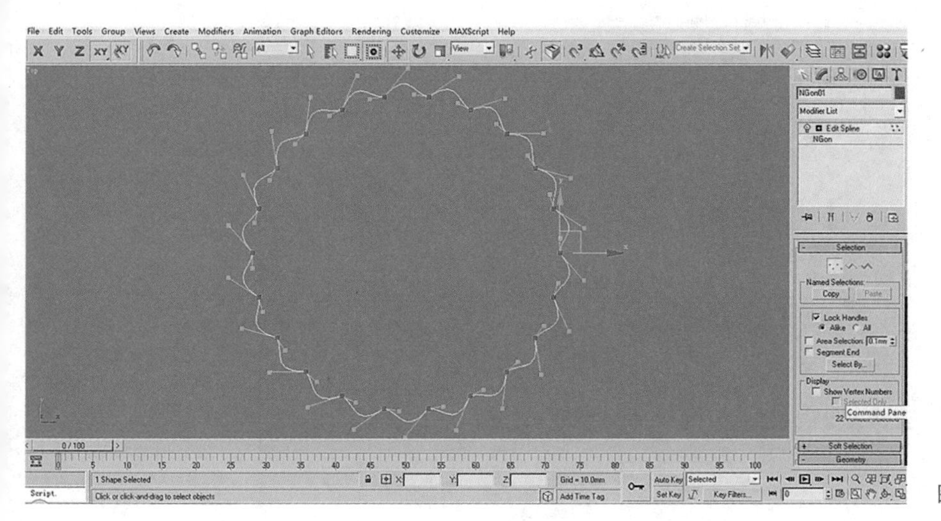

图 2-1-29

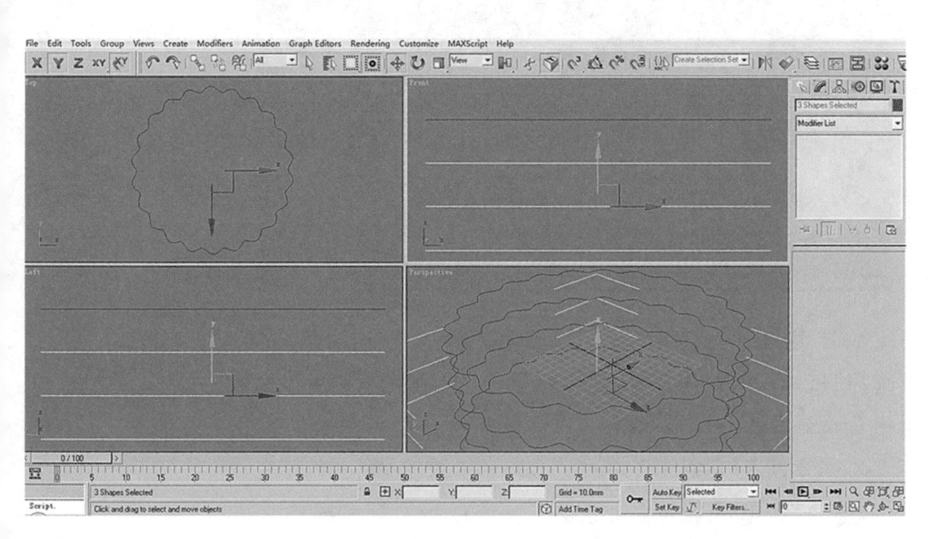

图 2-1-30

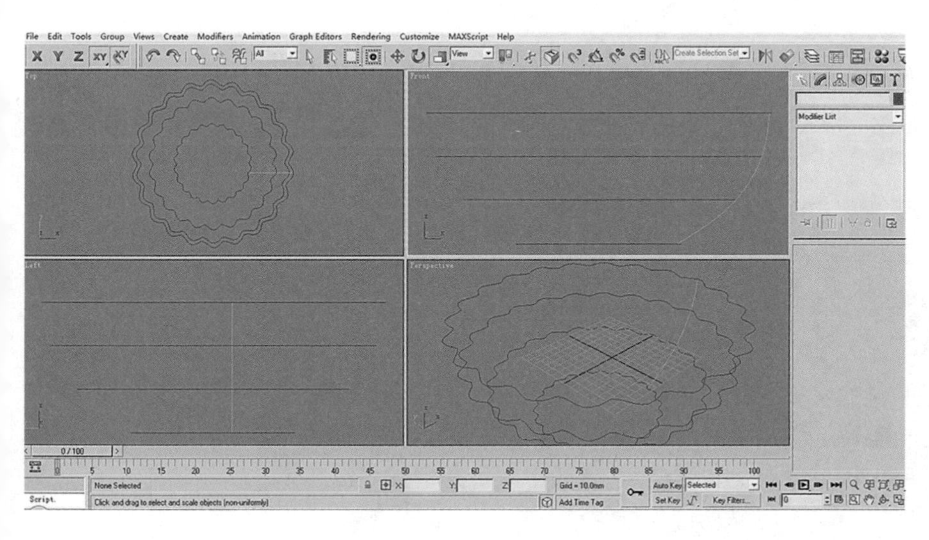

图 2-1-31

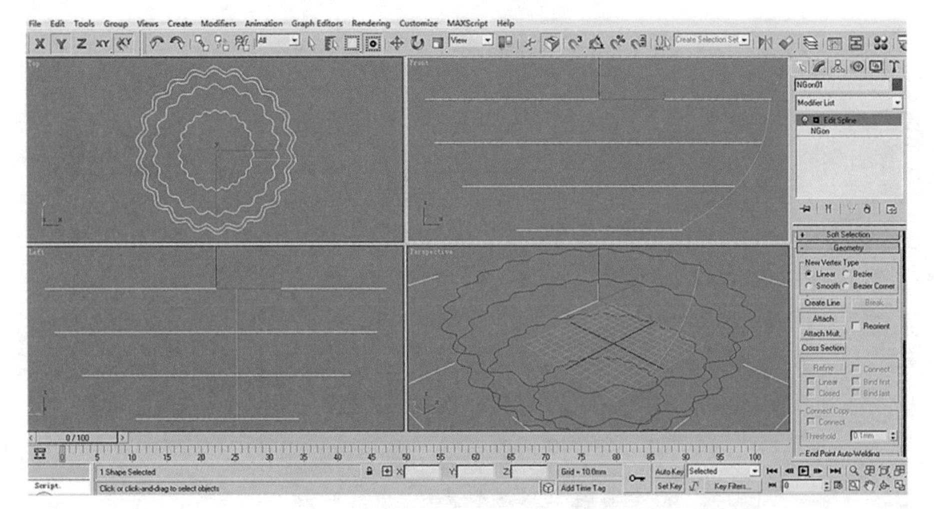

图 2–1–32

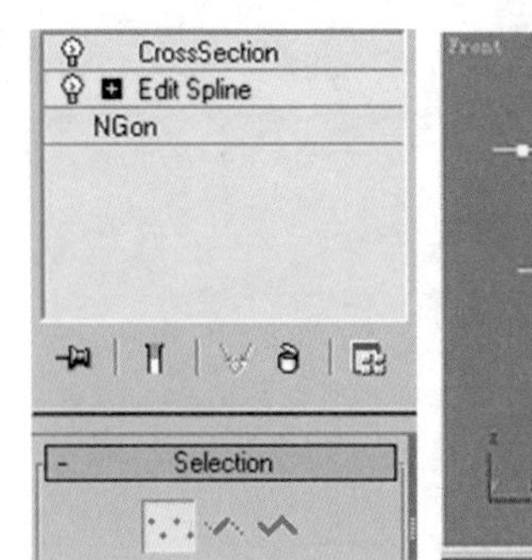

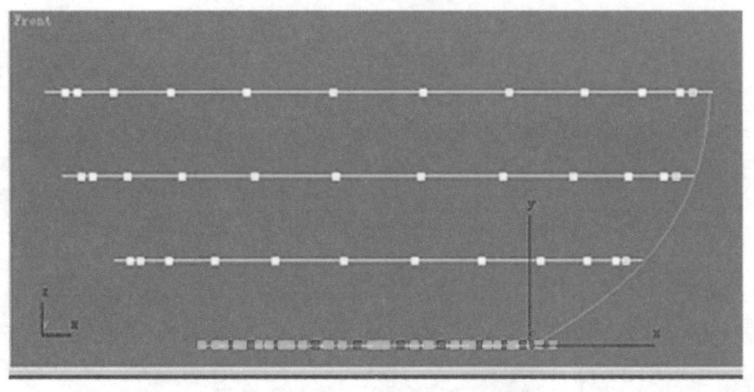

图 2–1–33（左）
图 2–1–34（右）

图 2–1–35 所示，将 Ngon01 复制，命名为内轮廓，单击，将内轮廓缩小，如图 2–1–36 所示，选择 Ngon01，单击 Attach ，单击内轮廓，将两个图形焊接，单击，单击 Cross Section，如图 2–1–37 所示，分别单击内外轮廓上的两个点，如图 2–1–38 所示，关闭 Editable Spline，单击，单击下拉式箭头，选择 Surface，打开法线翻转，如图 2–1–39 所示。配套操作文件 / 简约客厅 / 玻璃饰品 .max 文件。

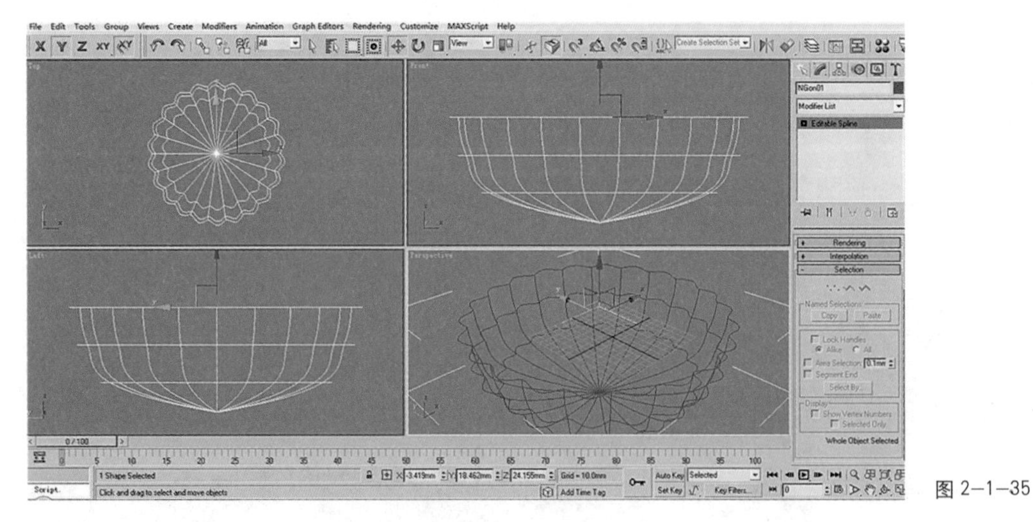

图 2–1–35

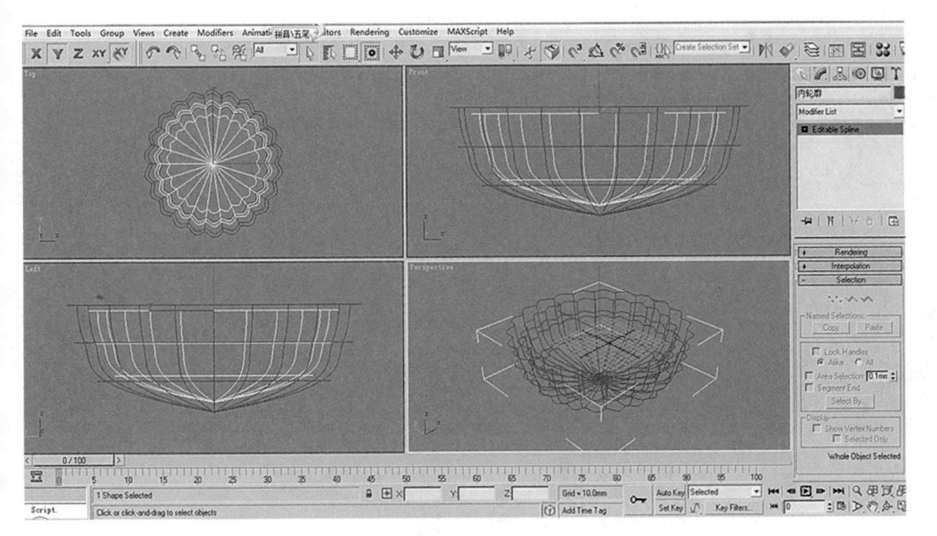

图 2–1–36

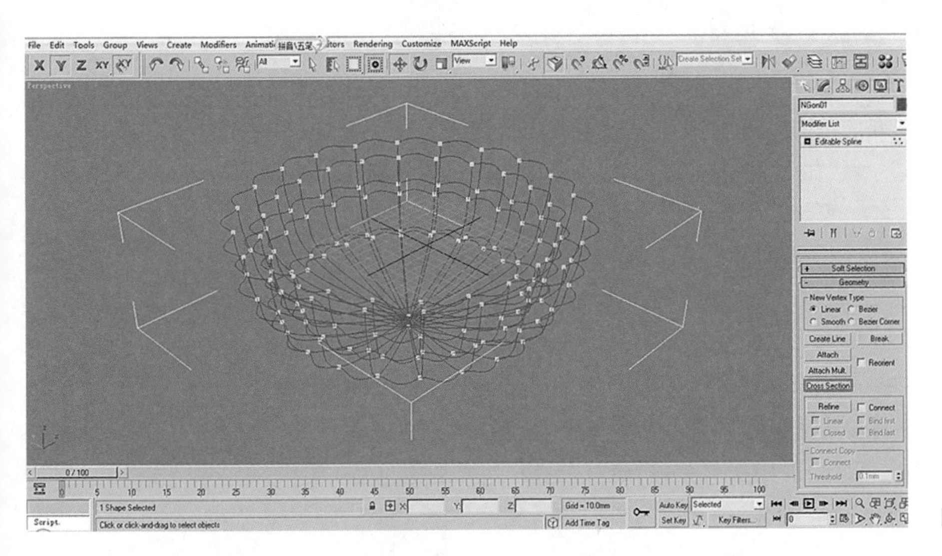

图 2–1–37

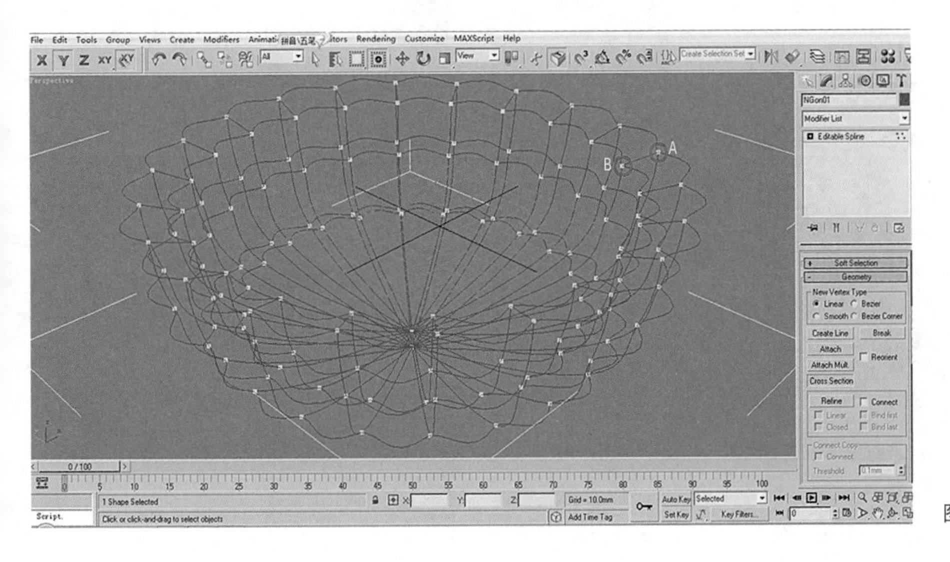

图 2–1–38

图 2—1—39

3.1.4 室内空间建模

（1）单击，单击 Box ，做 box，在顶视图做一个立方体，Length4000、Width6000、Height3000，命名为房间。单击，单击下拉式箭头，单击"Normal"，在 Perspective 上单击右键，单击"Wireframe"，转换成线框模式，在立方体上单击鼠标右键，单击"Convert To"，单击"Convert to Editable Poly"，将其转换成可编辑的多边形。

（2）做窗洞，先做窗洞的参照物，单击按钮，单击 Rectangle 按钮，在前视图做矩形参照物，Length1800、Width1700。选择命名为房间的立方体，单击，选择两条边（图 2—1—40），单击图 2—1—41 所示图标，在前视图中将两条边与矩形参照物对齐，选择刚对齐的两条边，单击 Connect 后面的小图标，输入 2，将两条边分别与参照物的上下两条边对齐。

单击，在前视图选择多边形（图 2—1—42），单击如图 2—1—43 所示步骤 1 图标。配合键盘上的 Ctrl 键，选择 4 个面并单击相关图标，输入相关参数（图 2—1—44），选择面并单击相关图标，输入相关参数（图 2—1—45），按下键盘上的 Delete 键。

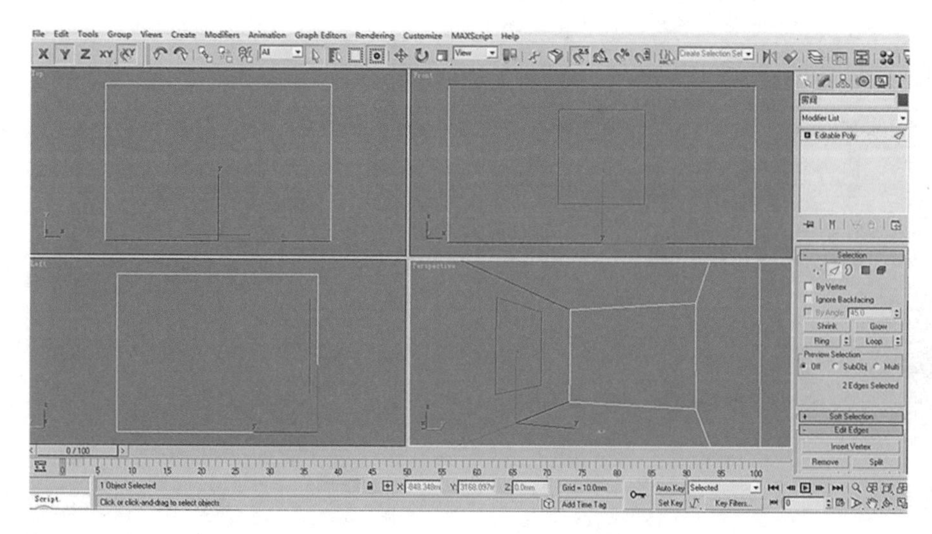

图 2—1—40

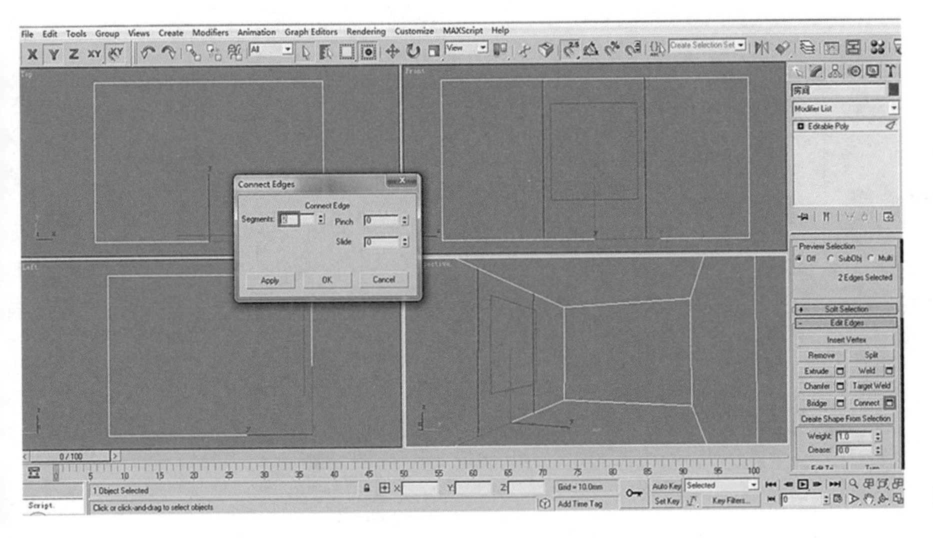

图 2–1–41

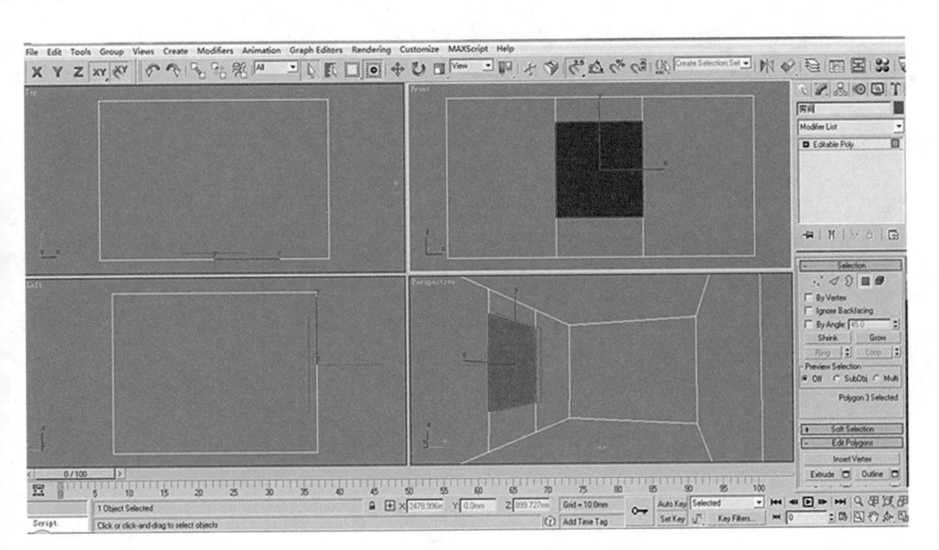

图 2–1–42

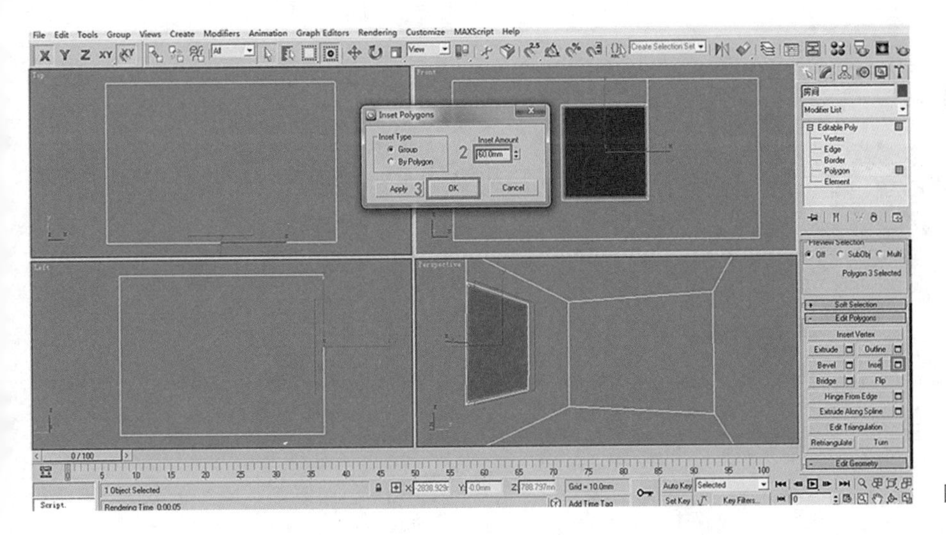

图 2–1–43

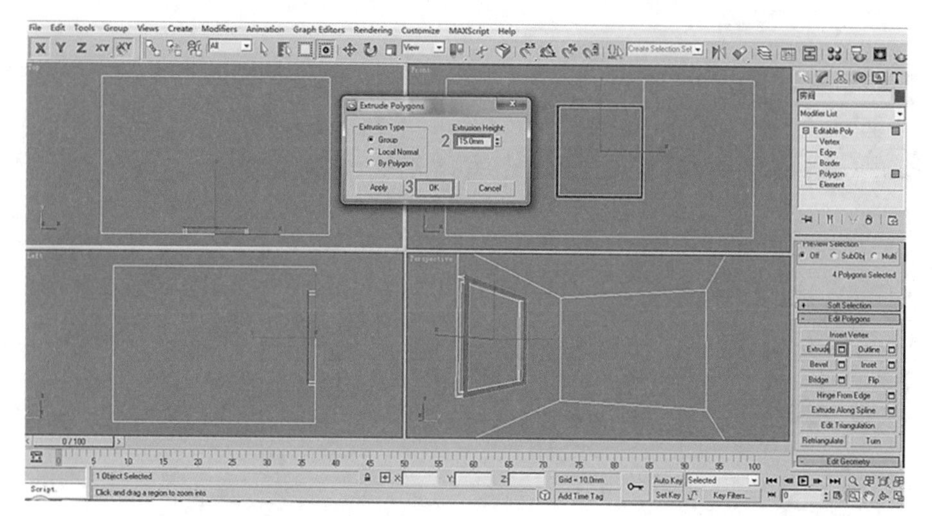

图 2-1-44

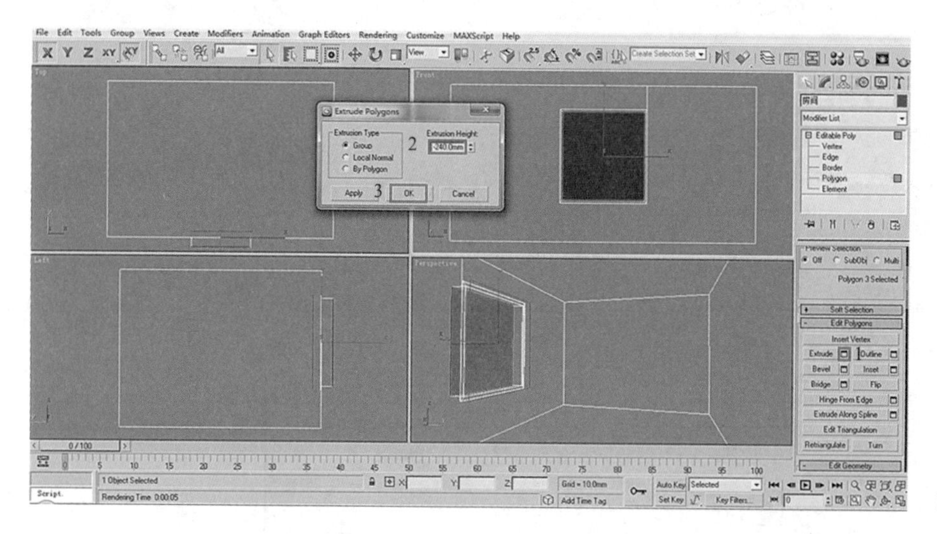

图 2-1-45

（3）顶面造型建模。选择命名为“房间”的立方体，单击◁，选择顶面的两条边，在顶面上分段，做法同窗户做法（图 2-1-46）。单击■，选择多

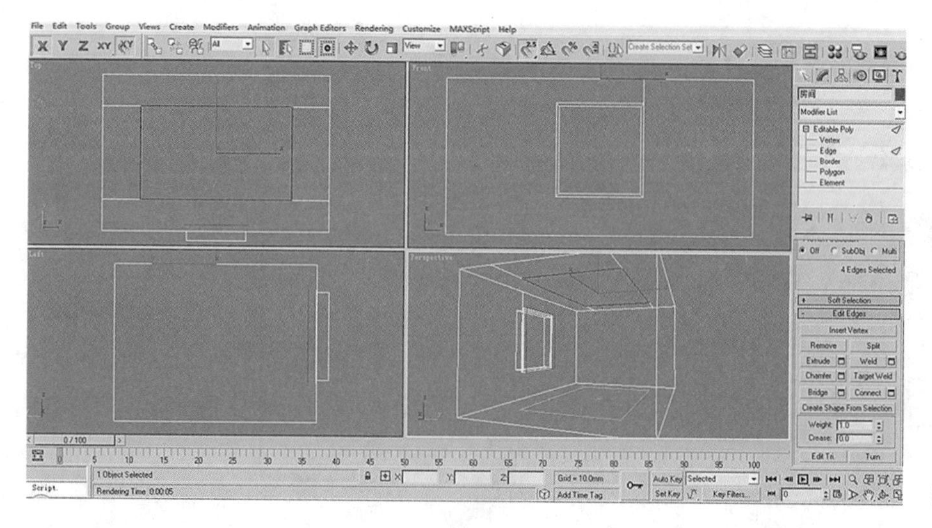

图 2-1-46

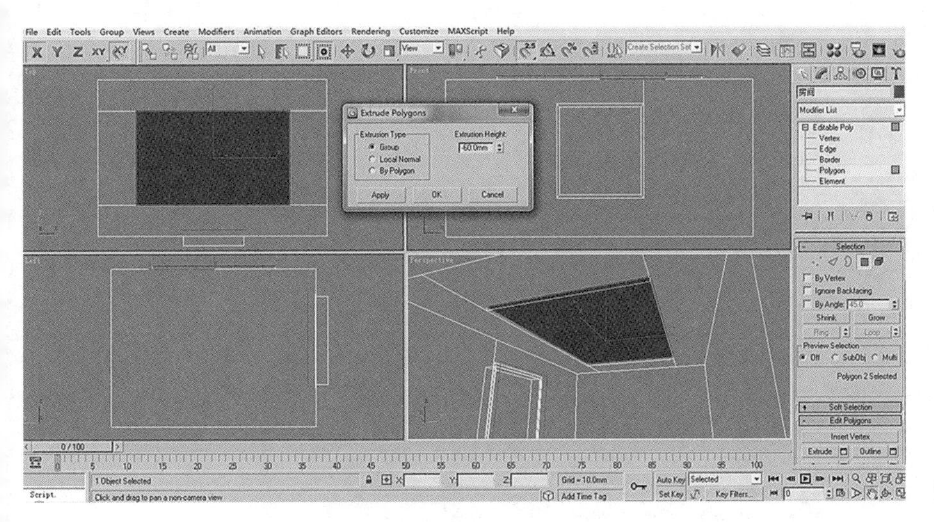

图 2–1–47

边形，按照如图 2–1–47 所示进行。操作。做灯带，按照图 2–1–48 所示进行操作。单击 Extrude 后面的图标，出现对话框，输入 –150，如图 2–1–49 所示。

（4）窗户建模。鼠标左键单击，鼠标右键单击，出现对话框，参数设置如图 2–1–50 所示。单击按钮，单击 Rectangle 按钮，在前视图用捕捉的方式，根据窗洞的大小做矩形，命名“窗户框”，单击，单击下拉式箭头，选

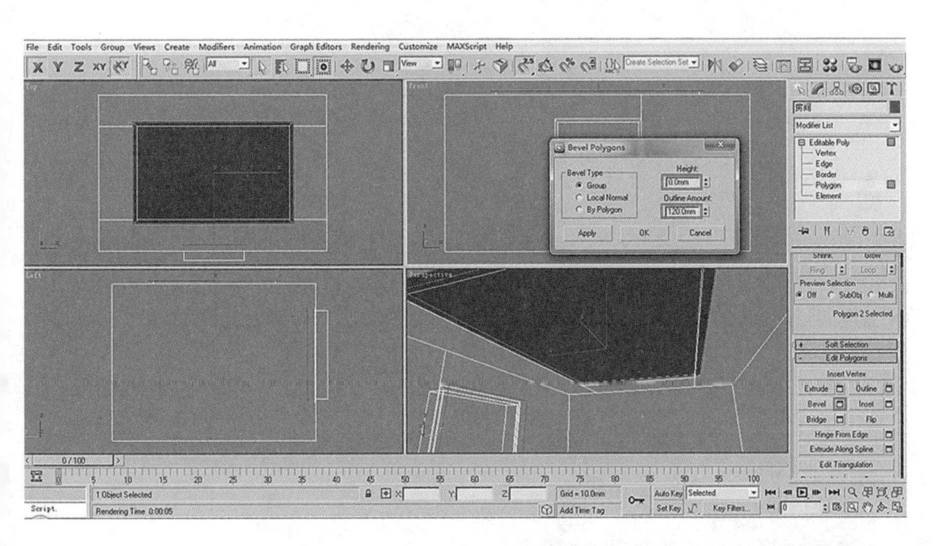

图 2–1–48

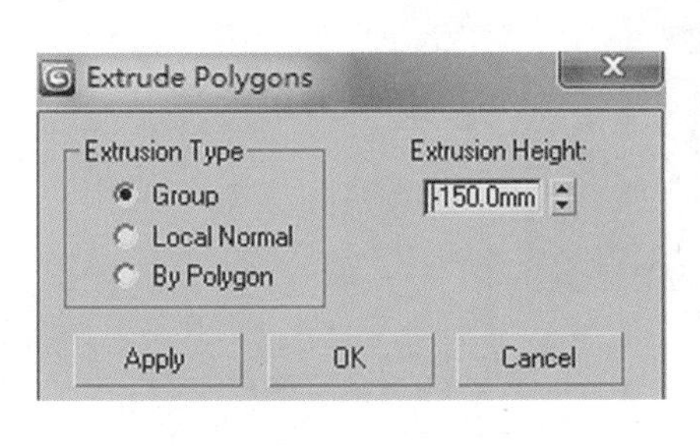

图 2–1–49（左）
图 2–1–50（右）

择 Edit Spline，单击，单击 Outline ，在它后面的方框内输入 35（图 2–1–51）。单击按钮，单击 Rectangle 按钮，在前视图用捕捉 A、B、C、D 四点，做矩形，如图 2–1–52 所示。在 Length 后面输入 35（图 2–1–53）。用同样的方法再做

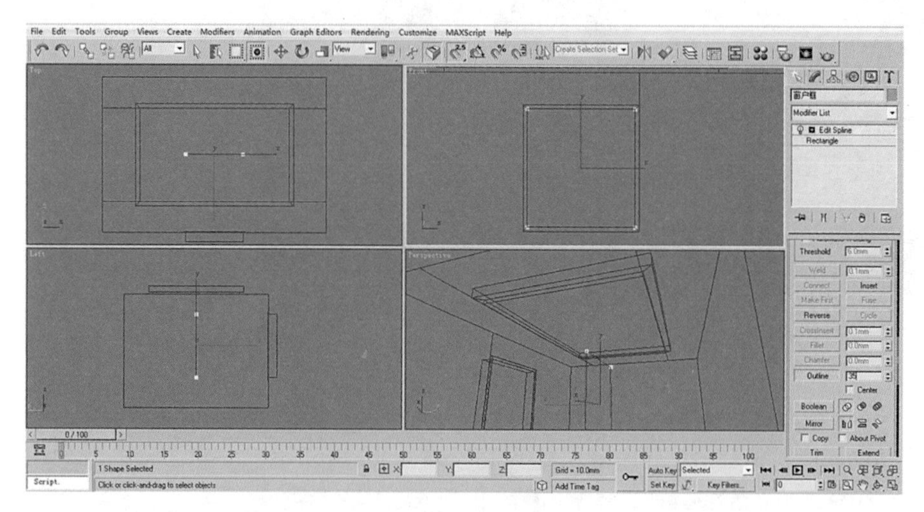

图 2–1–51

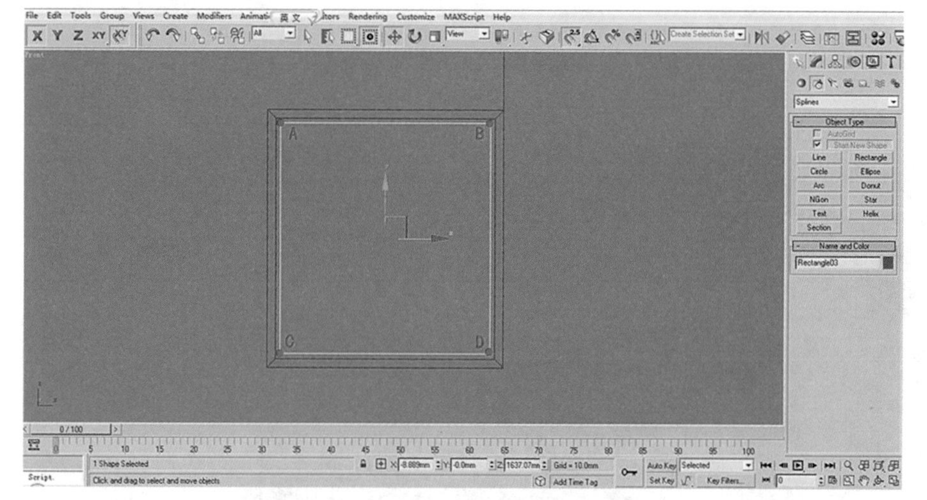

图 2–1–52

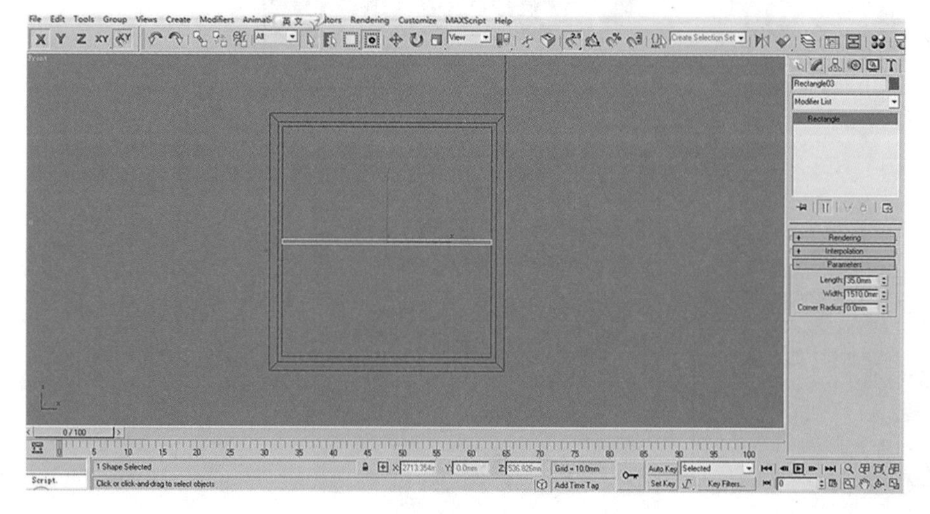

图 2–1–53

一个矩形，调整成合适的位置，配合键盘上的 Ctrl 键选择窗户框，窗户框 01、窗户框 02，单击，单击下拉式箭头，选择 Extrude，在 Amount 后面输入 25，将全部窗户框移动到窗洞内（图 2–1–54）。配套操作文件 / 简约客厅 / 室内空间 .max 文件。

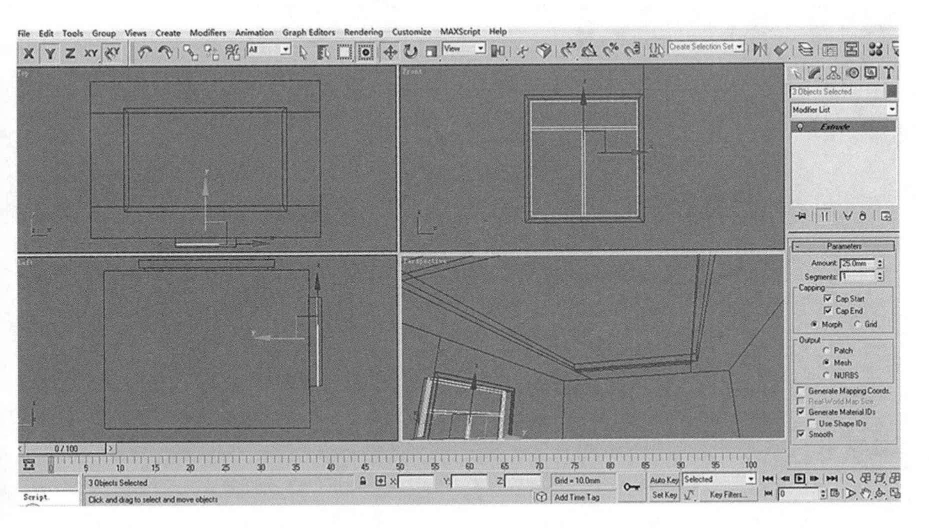

图 2–1–54

3.1.5 吸顶灯建模

吸顶灯建模。在顶视图做 box，命名为“灯”，参数、位置如图 2–1–55 所示。单击按钮，单击 Line，鼠标左键单击，捕捉 A、B、C、D 四点画线，命名“灯架 01”，如图 2–1–56 所示。单击，单击，单击 Outline，在它后面的方框内输入“–20”，单击将其关闭。单击，单击下拉式箭头，选择 Extrude，单击 Extrude 后面的图标，出现对话框，输入 20，将其复制两个，位置如图 2–1–57 所示。配套操作文件 / 简约客厅 / 吸顶灯 .max 文件。

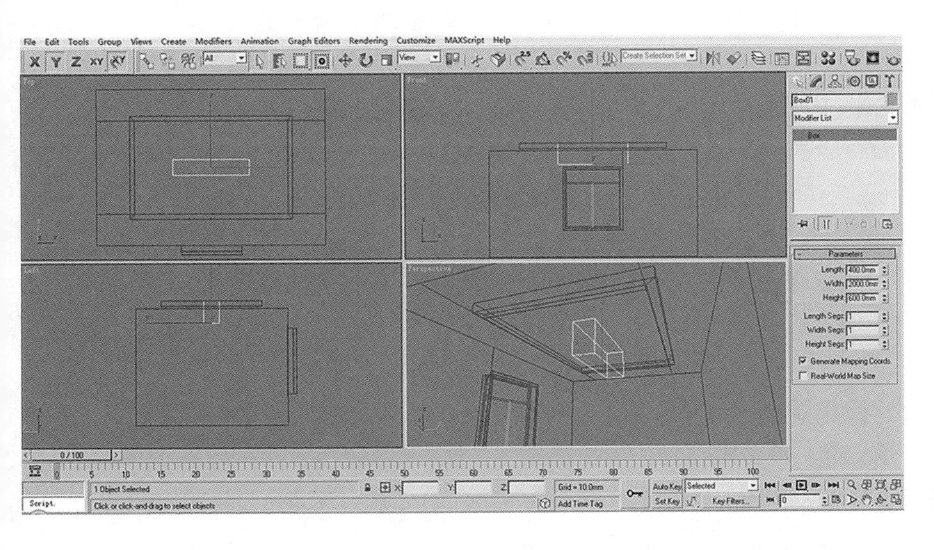

图 2–1–55

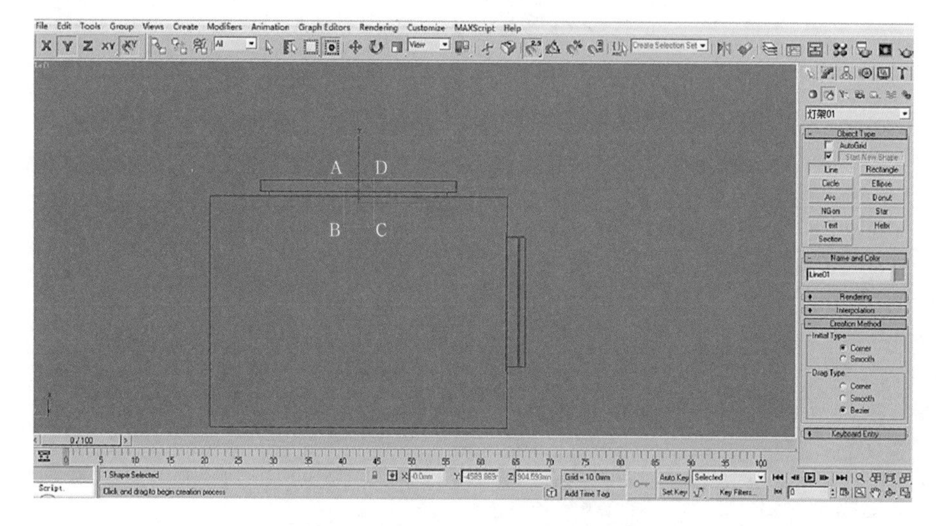

图 2–1–56

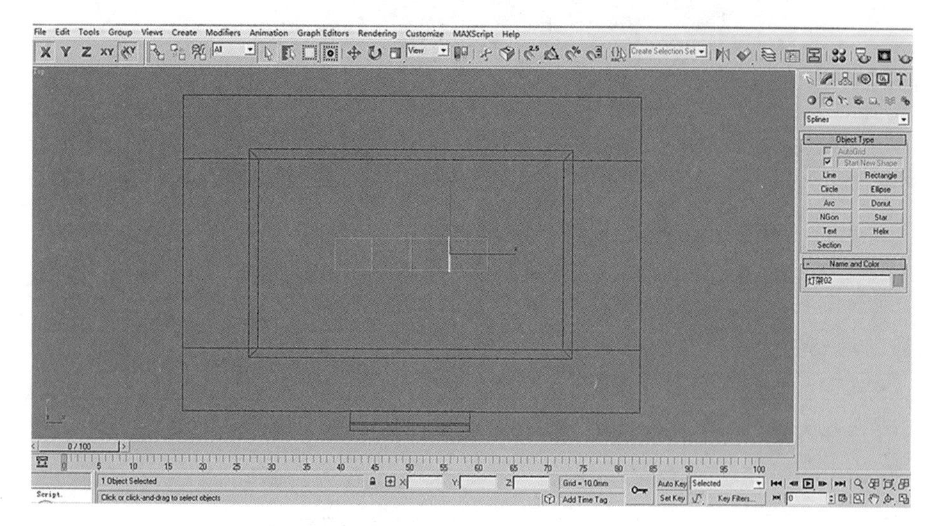

图 2–1–57

3.1.6　窗帘及窗帘配件建模

窗帘及窗帘配件建模。单击按钮，单击按钮，单击 Line ，在顶视图画曲线，单击，单击，单击 Outline ，在它后面的方框内输入“2”，单击将其关闭。单击，单击下拉式箭头，选择 Extrude，单击 Extrude 后面的图标，出现对话框，输入“2300”（图 2–1–58）。单击按钮，单击，单击 Cylinder ，在左视图做一圆柱体（图 2–1–59）。单击按钮，单击 Line ，在前视图画出曲线（图 2–1–60）。单击，单击下拉式箭头，选择 Lathe，单击 Min ，将其旋转、复制（图 2–1–61）。单击按钮，单击，单击 Torus ，在左视图做圆环，将其复制、移动（图 2–1–62）。

3.1.7　踢脚、筒灯、壁饰建模

（1）踢脚建模。单击，单击按钮，单击按钮，单击 Line ，在顶视图画线（图 2–1–63）。单击，单击，单击 Outline ，在它后面的方框

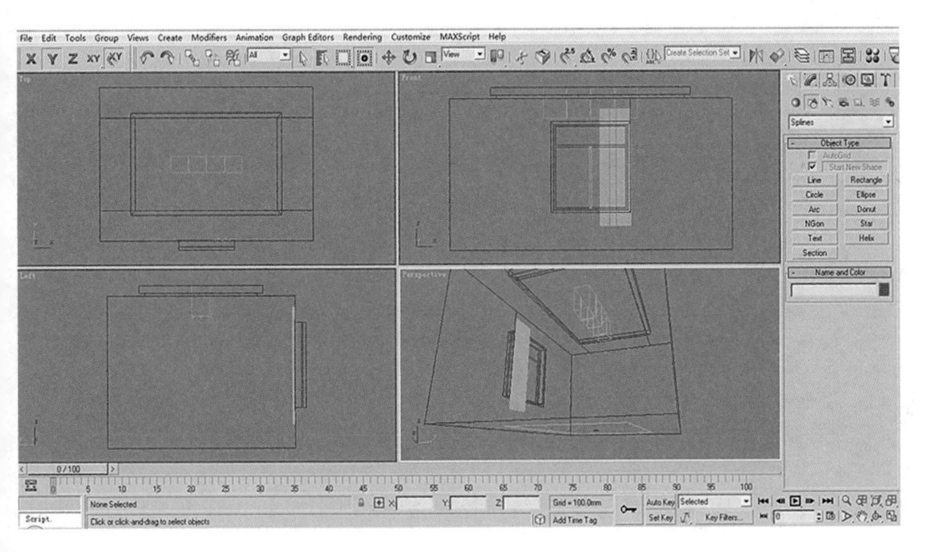

图 2—1—58

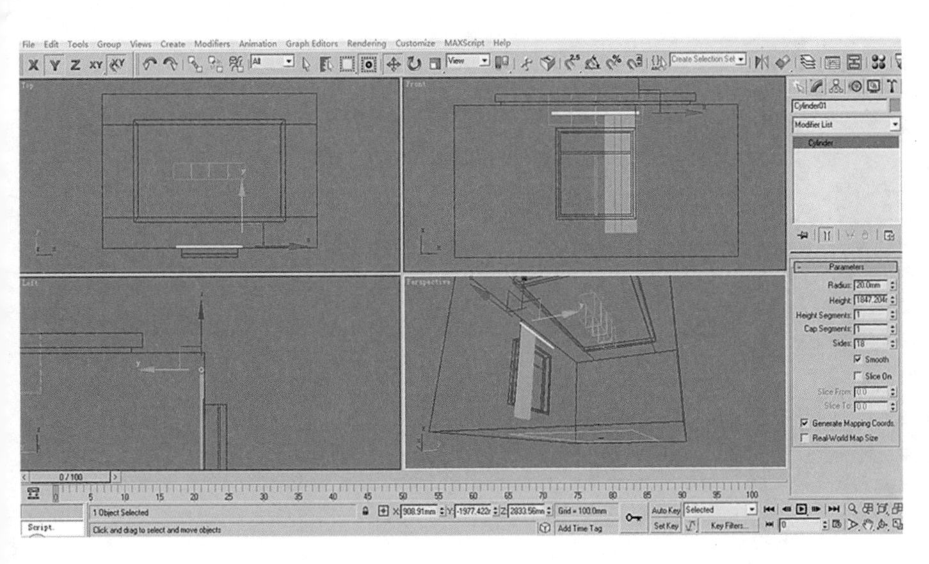

图 2—1—59

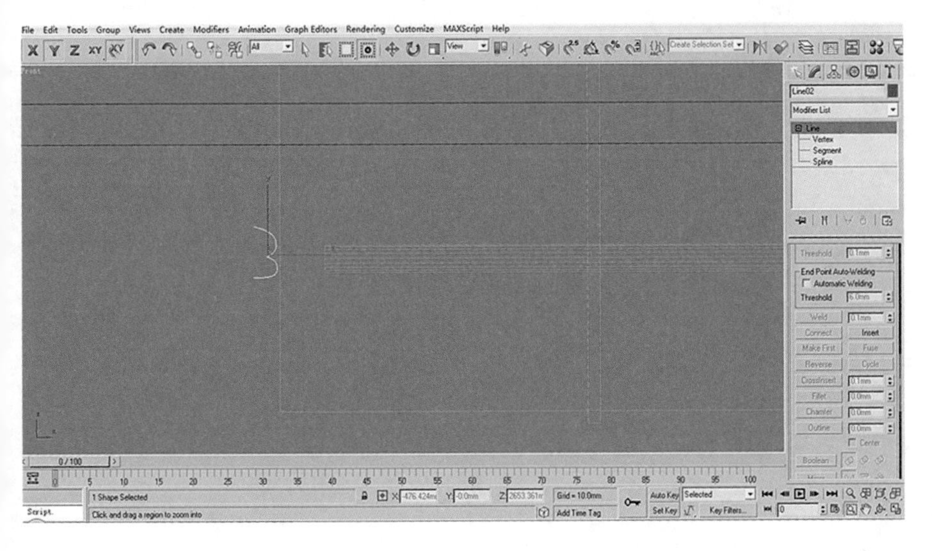

图 2—1—60

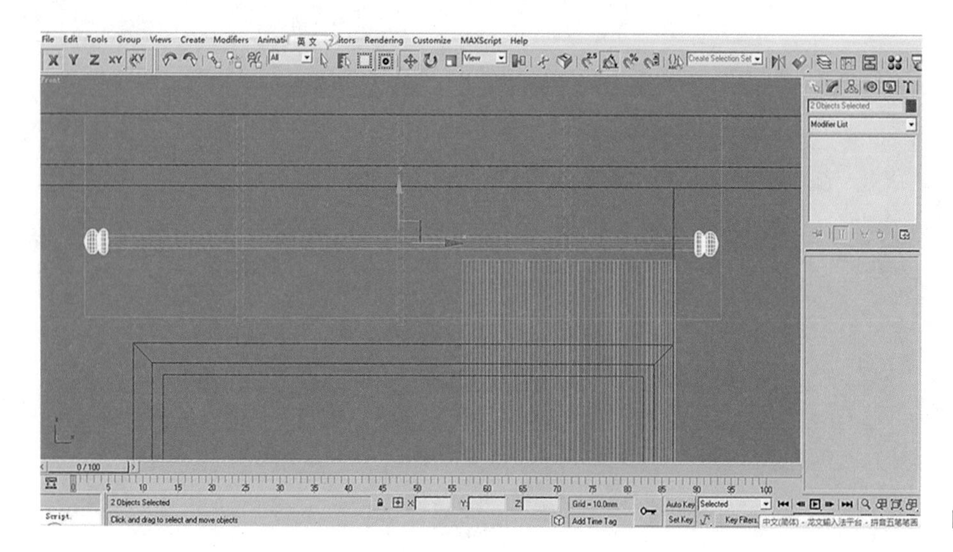

图 2—1—61

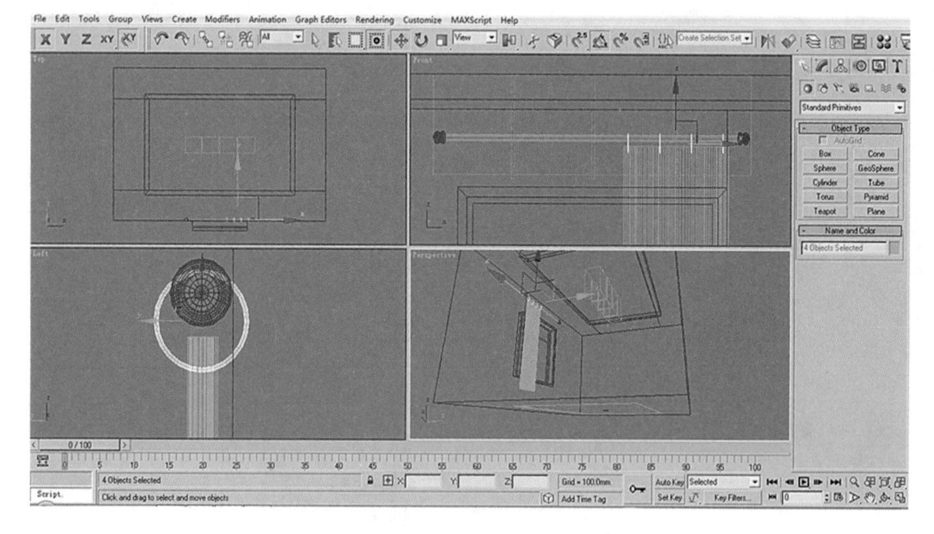

图 2—1—62

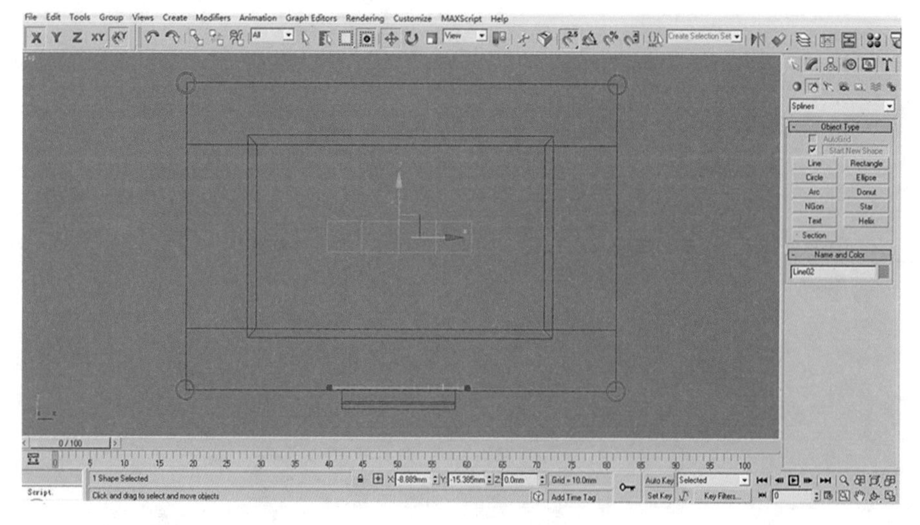

图 2—1—63

内输入“-10”，单击将其关闭。单击，单击下拉式箭头，选择 Extrude，单击 Extrude 后面的图标，出现对话框，输入“100”（图 2-1-64）。

（2）室内筒灯建模。单击按钮，单击，单击 Cylinder，在顶视图做圆柱体，Radius ：35、Height ：1，将其复制、移动（图 2-1-65）。

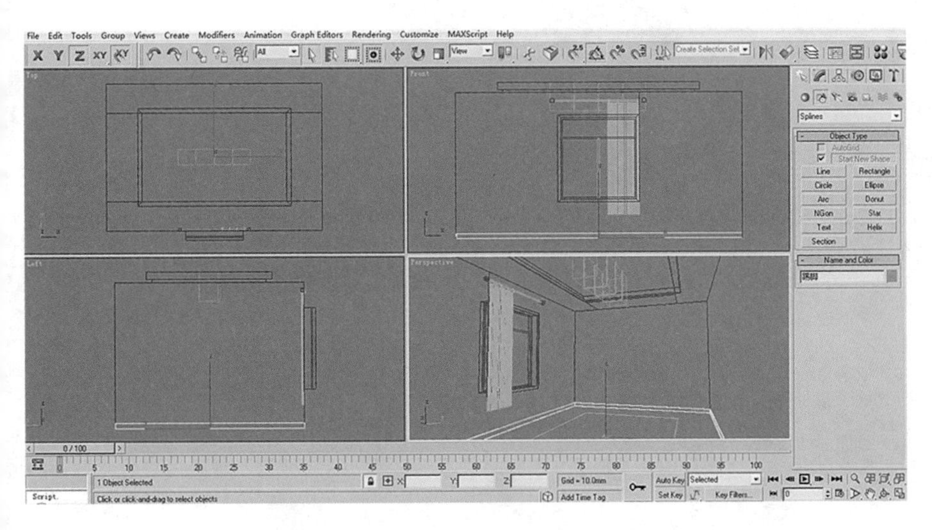

图 2-1-64

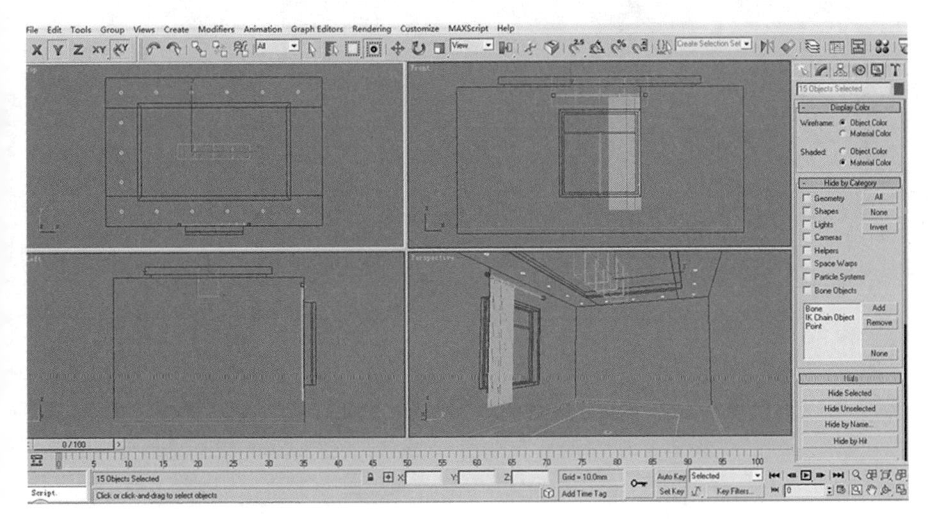

图 2-1-65

（3）壁饰建模。单击，单击 Box，在左视图做 box，大小、位置可以自己确定，参考图 2-1-66。

3.1.8 地面建模

（1）分离地面。选择房间，单击，单击，单击地面，单击 Detach，出现对话框，输入“地面”，点击“确认”。

（2）分离墙面。选择房间，单击，单击，单击墙面（图 2-1-67）。单击 Detach，出现对话框，输入“墙 01”，点击“确认”。

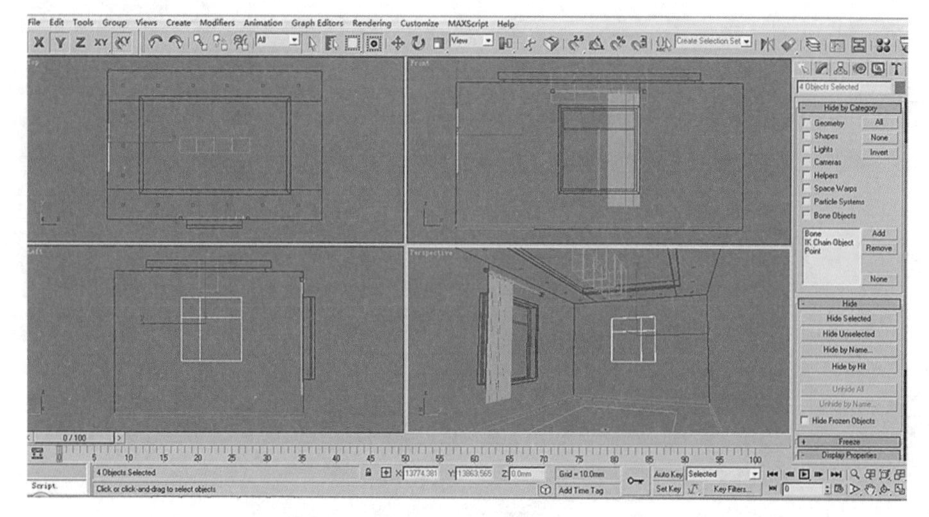

图 2-1-66

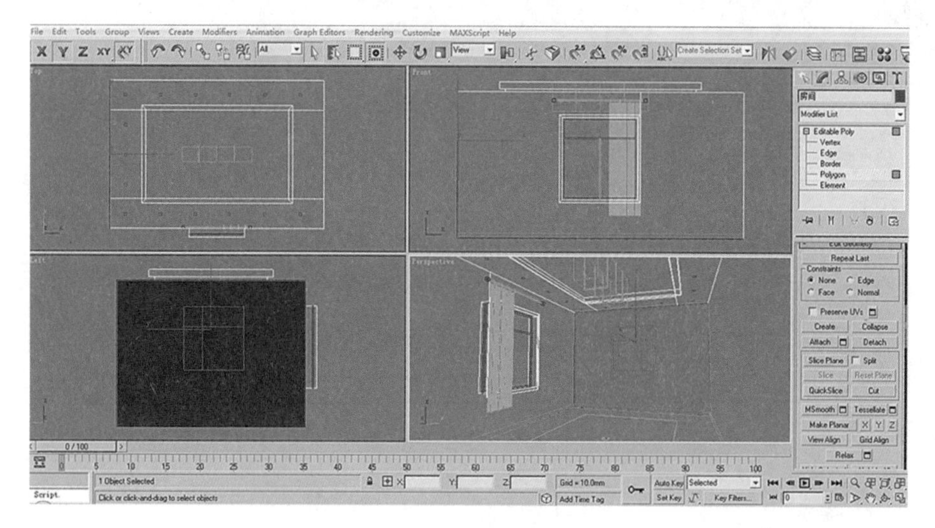

图 2-1-67

3.1.9 矮柜建模

矮柜建模。单击按钮，单击按钮，单击 Line ，在前视图画线（图 2–1–68）。单击，单击，单击 Outline ，在它后面的方框内输入“70”，单击将其关闭。单击，单击下拉式箭头，选择 Extrude，单击 Extrude 后面的图标，出现对话框，输入“500”（图 2–1–69）。配套操作文件／简约客厅／矮柜 .max 文件。

3.1.10 合并模型文件

（1）合并模型文件。单击 File ，单击 Merge，出现对话框，选择“等离子电视 –2.max”，点击“打开”，出现对话框，单击 All ，单击 OK ，模型文件合并到了场景中，调整位置（图 2–1–70）。

（2）合并模型文件。单击 File ，单击“Merge”，将保存过的沙发、茶几等模型文件依次合并到场景中。

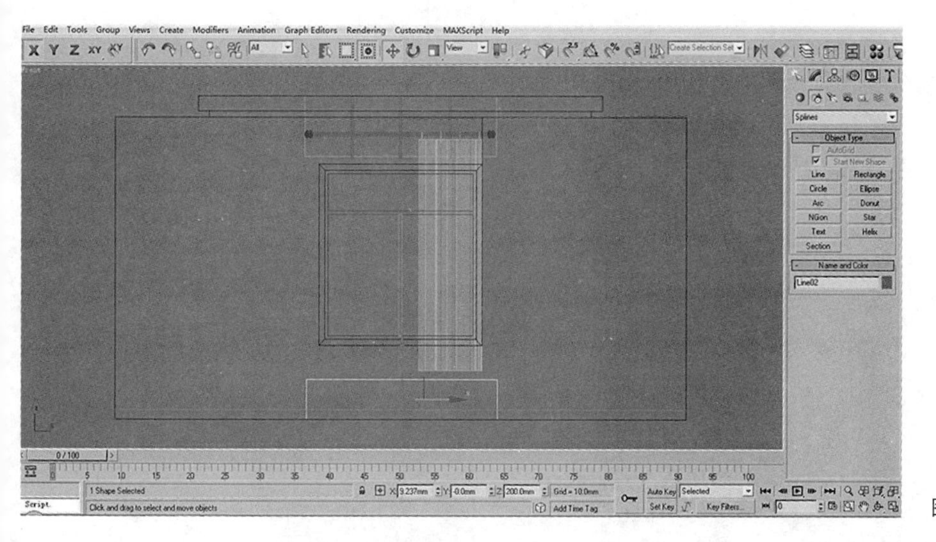

图 2–1–68

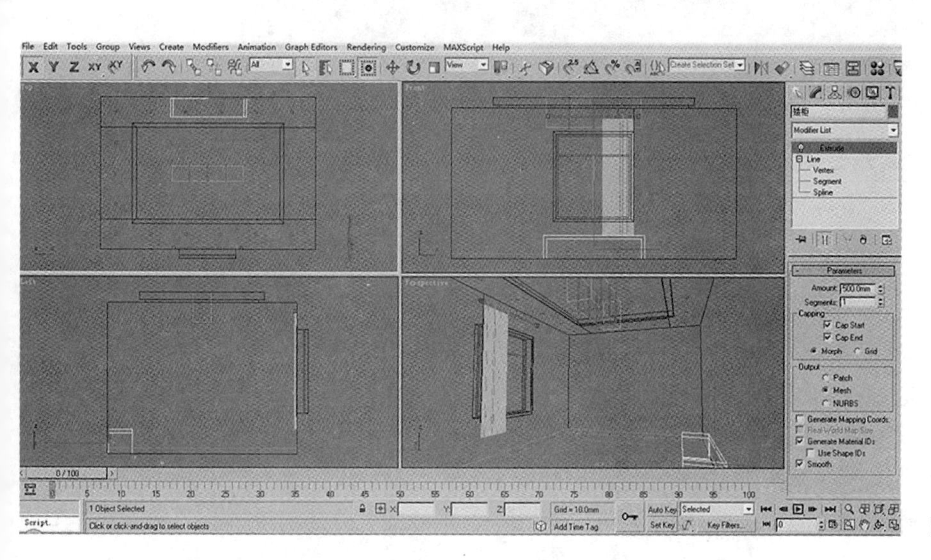

图 2–1–69

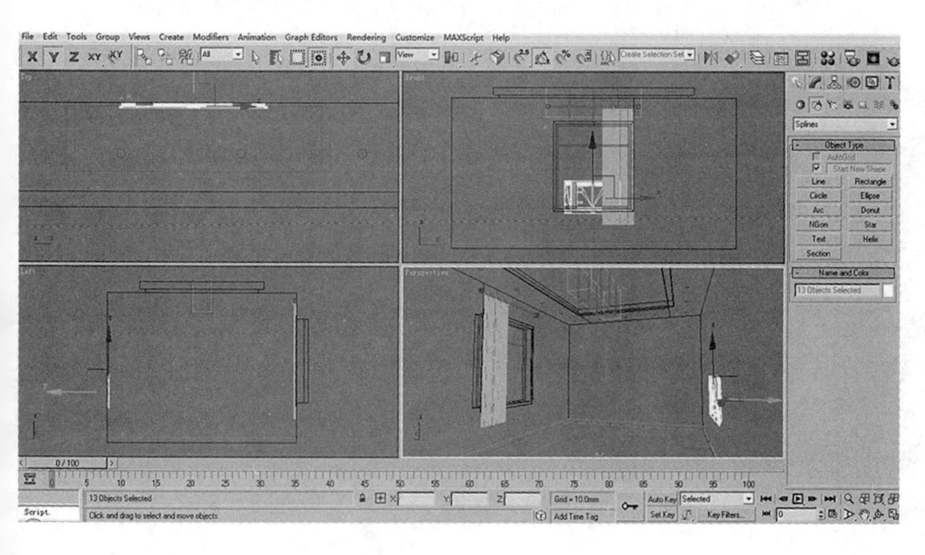

图 2–1–70

（3）将三人沙发复制，调整为两人沙发。单击按钮，单击，单击 Box，作为地毯（图 2–1–71）。单击按钮，单击，单击 Box，在窗户框外面创建 box，命名为“窗户玻璃”。

（4）至此居室空间内的模型建模基本完成。配套操作文件 / 简约客厅 / 场景 .max 文件。

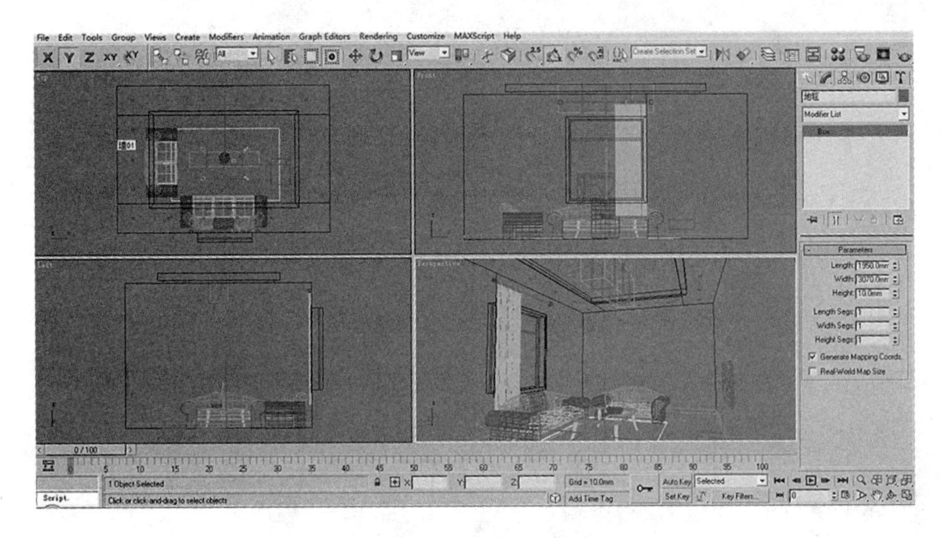

图 2–1–71

3.2 相机设置与材质编辑

3.2.1 3ds max 相机设置

（1）打开场景文件。单击 File，单击“Open”，打开文件。

（2）单击，单击，单击 Target，在前视图点击鼠标，拉出相机（图 2–1–72）。单击，单击 24mm，单击，在顶视图调整相机位置，鼠标点击 Perspective 视图，键盘输入“C”，转换成了相机视图（图 2–1–73）。设置相机参数（图 2–1–74）。

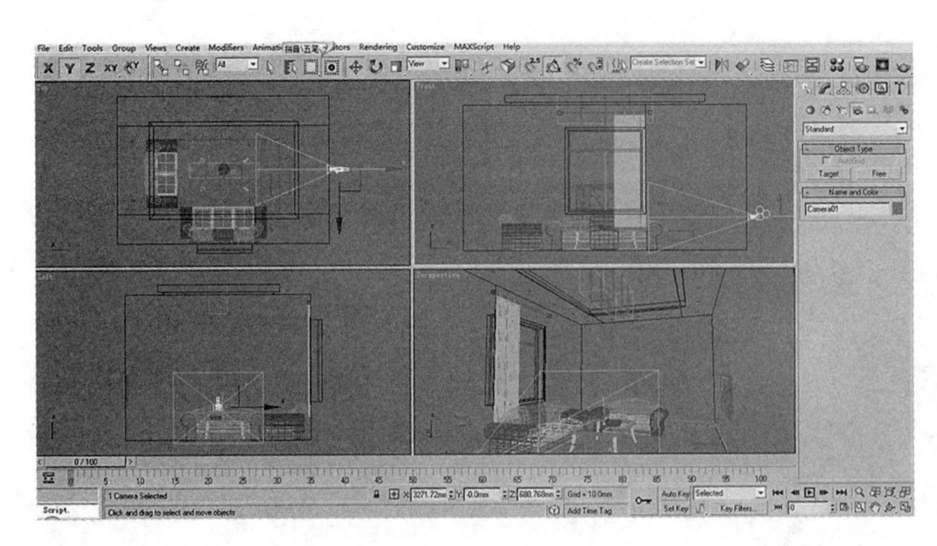

图 2–1–72

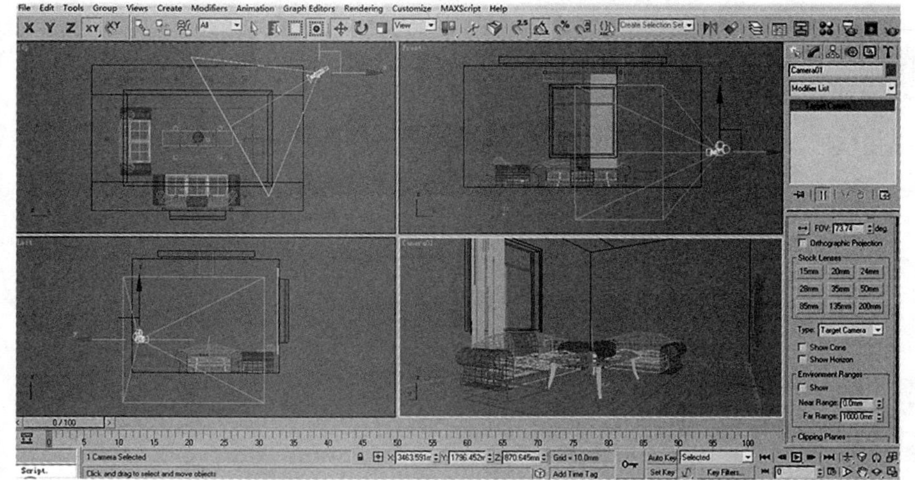

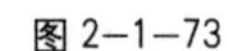
图 2–1–73

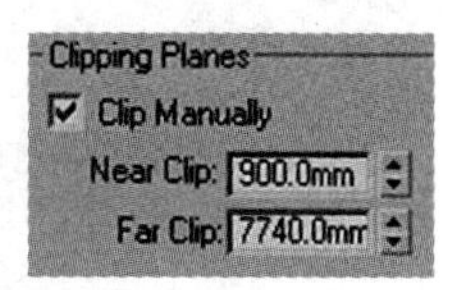

图 2–1–74

3.2.2 沙发材质编辑

（1）编辑材质，单击，在前视图框选三人沙发，设置渲染器，单击，依次选择如图 2–1–75 所示的图标。单击，出现对话框，输入“沙发”，依次点击如图 2–1–76 所示的图标，出现对话框（图 2–1–77），依次点击相应的图标，出现对话框，依次点击相应的图标（图 2–1–78）。参数设置如图 2–1–79 所示，单击，单击，在视图中显示材质。

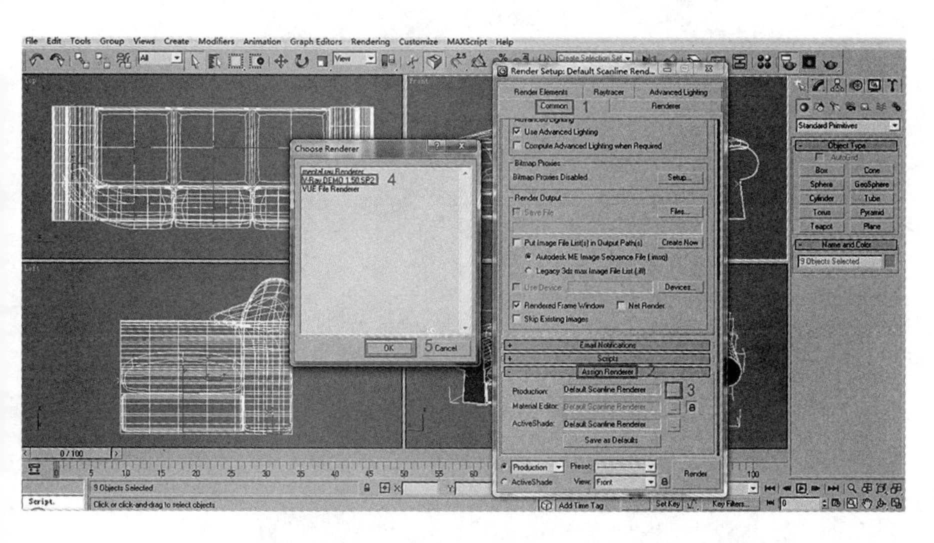
图 2–1–75

（2）选择沙发，单击，单击，选择 UVW Map，参数设置如图 2–1–80 所示。同样的方法为双人沙发赋上材质。效果如图 2–1–81 所示。

3.2.3 布料材质编辑

编辑材质，单击，出现对话框，击活材质球，输入名字“凳面”，依次点击如图 2–1–82 所示图标，出现对话框，调整参数（图 2–1–83），在顶视图选择凳面，单击。

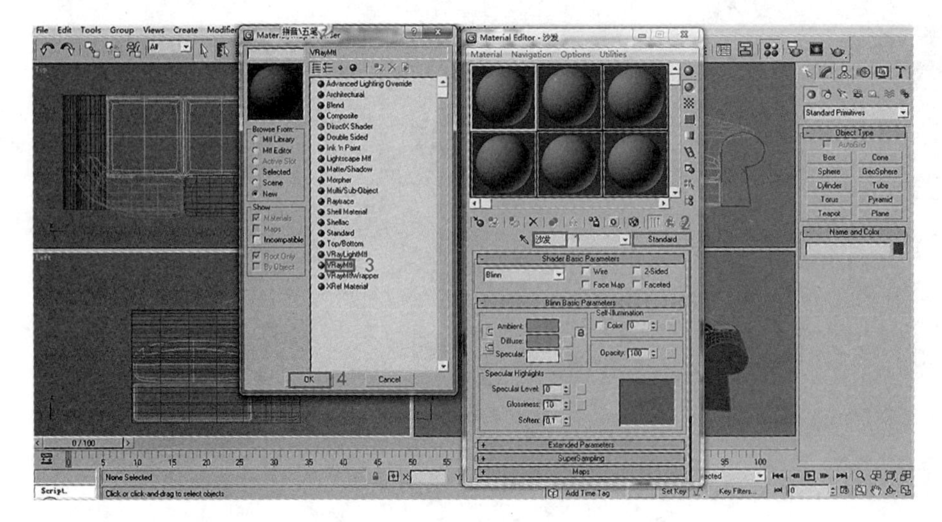

图 2-1-76

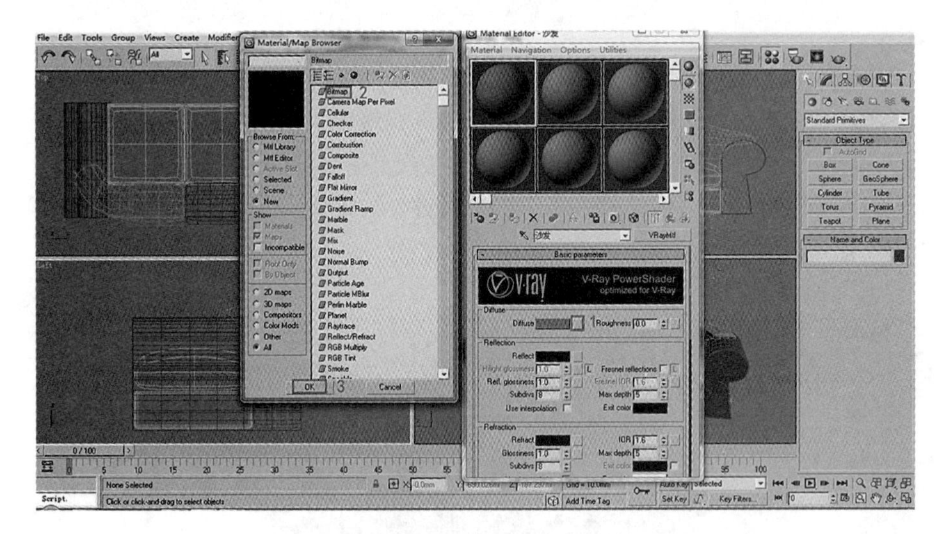

图 2-1-77

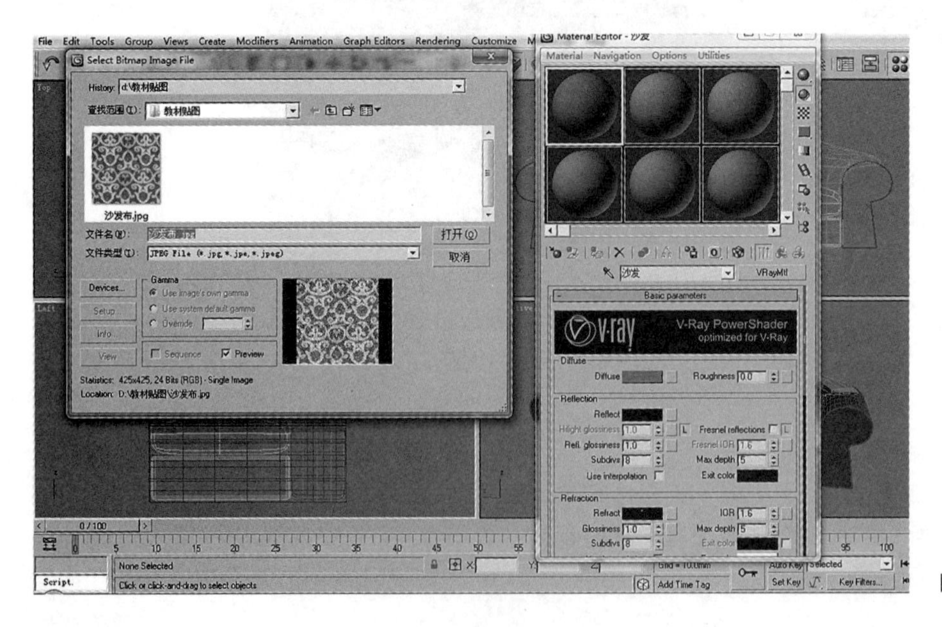

图 2-1-78

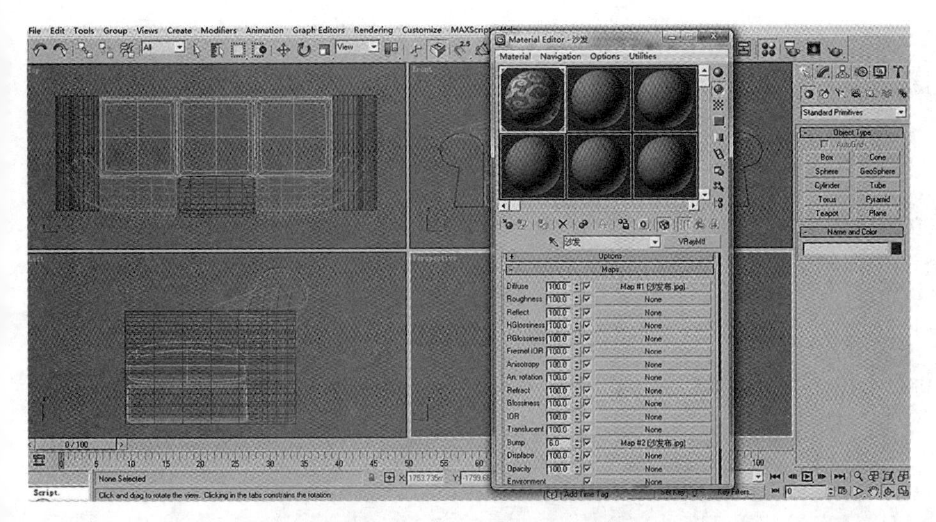

图 2-1-79

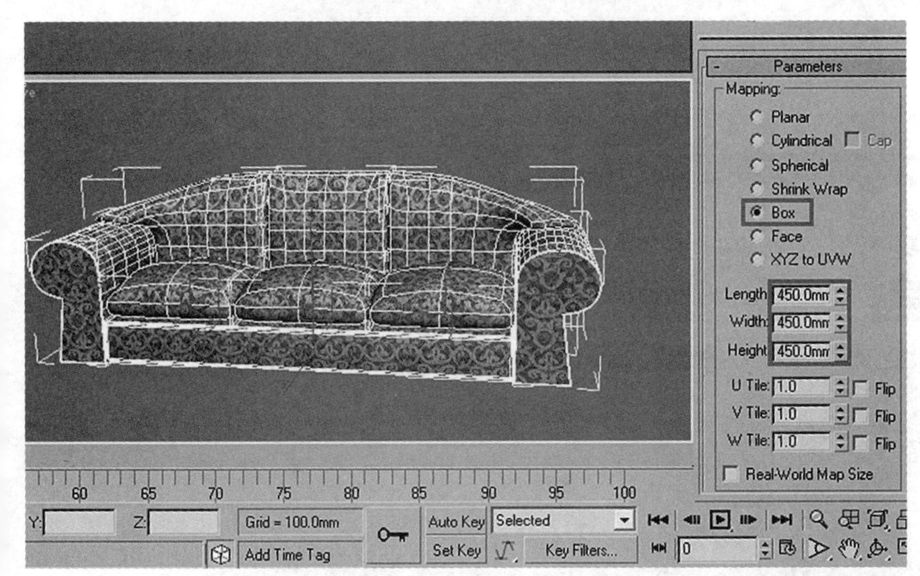

图 2-1-80

图 2-1-81

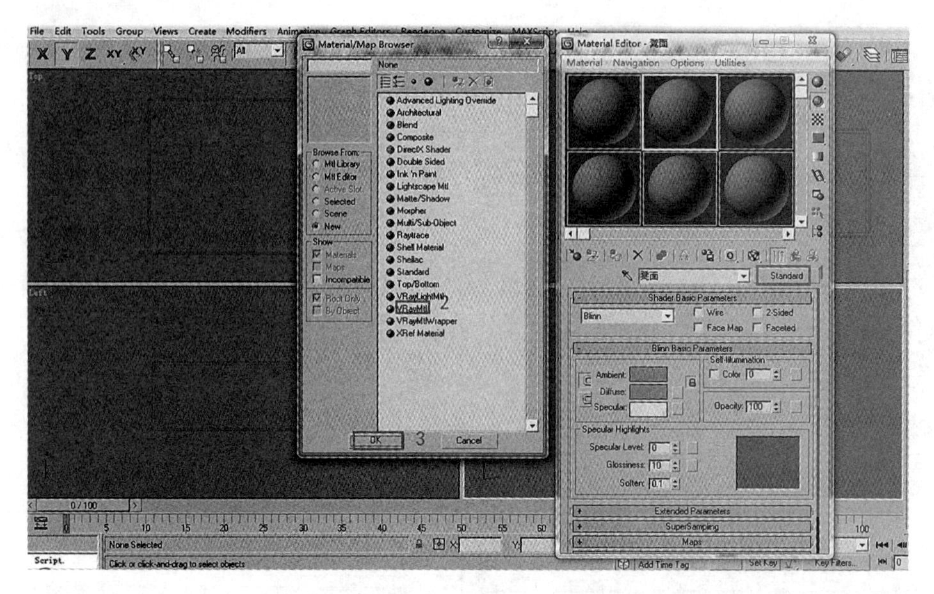

图 2-1-82

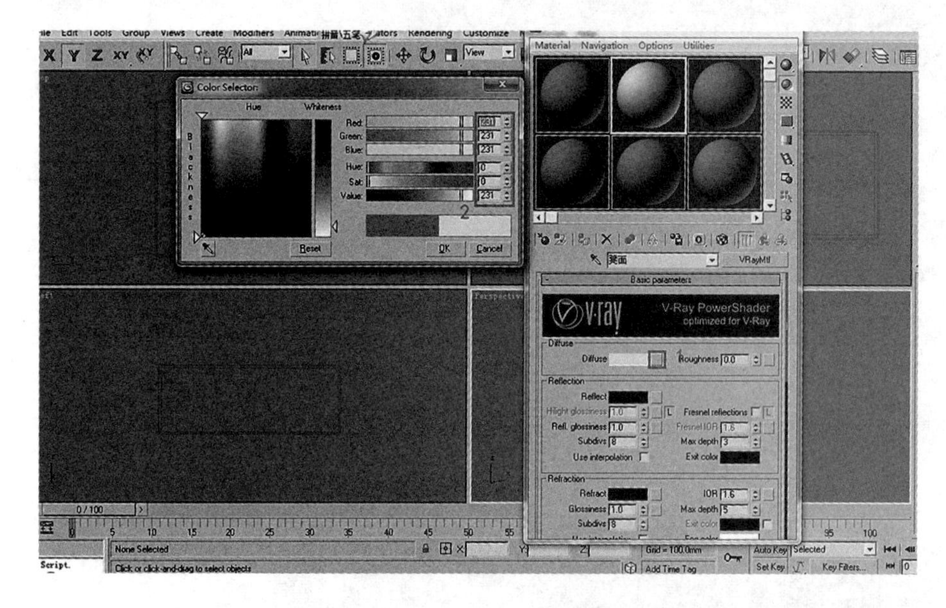

图 2-1-83

3.2.4 不锈钢材质编辑

单击，出现对话框，击活材质球，输入名字“腿”，选择 Vray Mtl 材质库，调整参数（图 2-1-84），在顶视图选择四条腿，单击，选择“灯架 01”、“灯架 02”、“灯架 03”，单击。

3.2.5 清漆木材材质编辑

编辑材质，单击，出现对话框，击活材质球，输入材质名称茶几，选择

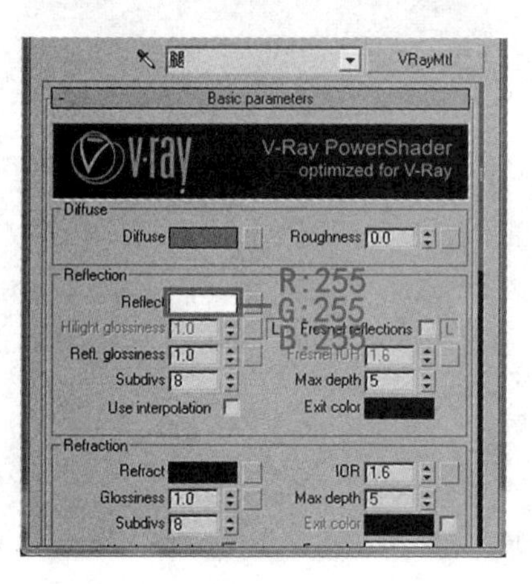

图 2-1-84

Vray Mtl 材质库，依次点击如图 2–1–85 所示图标，打开贴图文件（图 2–1–86），单击，编辑材质参数（图 2–1–87），选择茶几面、茶几腿和矮柜，单击，单击，在视图中显示材质，单击，单击，选择 UVW Map，参数设置如图 2–1–88 所示。

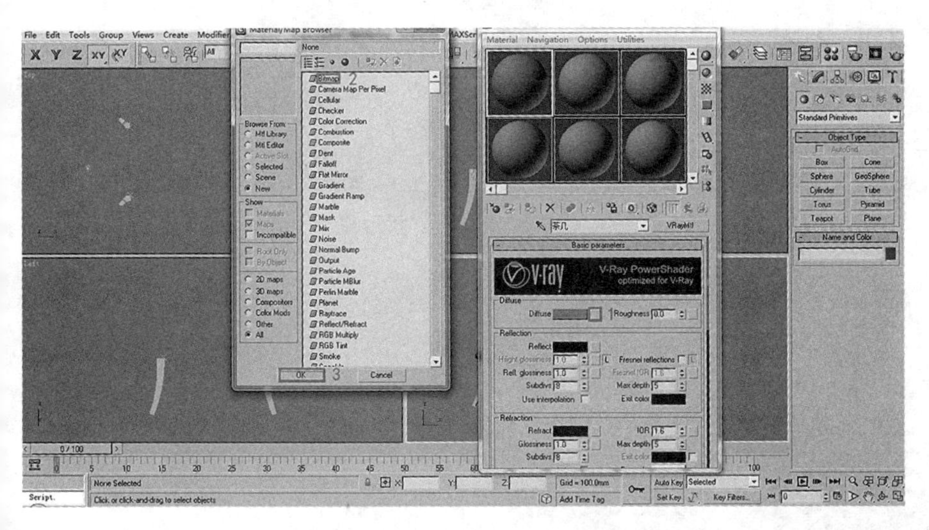

图 2–1–85

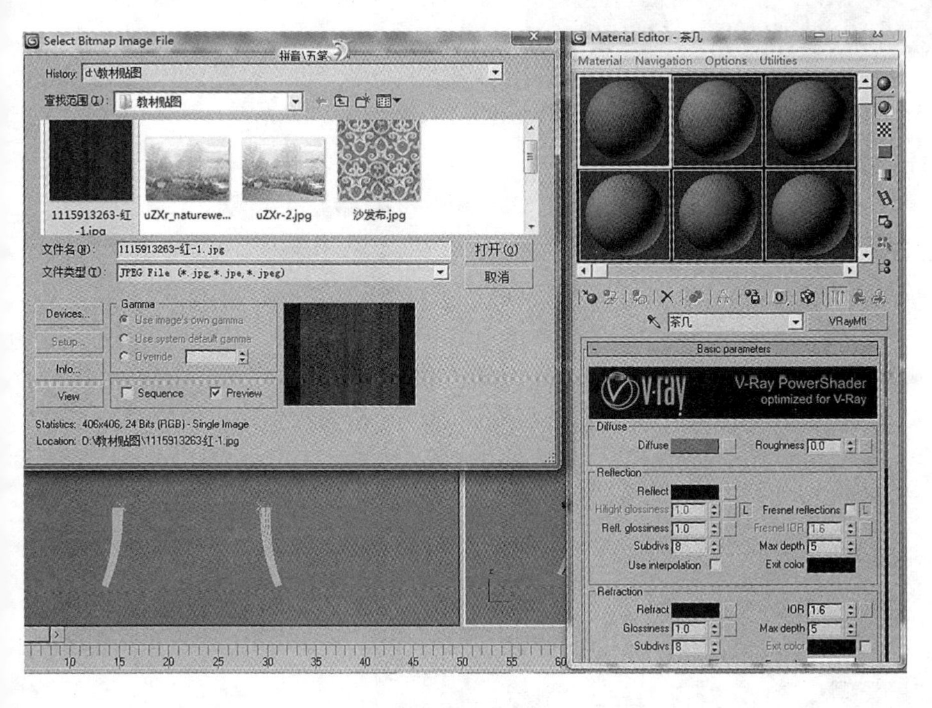

图 2–1–86

3.2.6 玻璃材质编辑

编辑材质，单击，出现对话框，击活材质球，输入材质名称“玻璃饰品”，选择 Vray Mtl 材质库，依次编辑相关参数，如图 2–1–89 所示。选择“Ngon01”，单击，将材质指定。

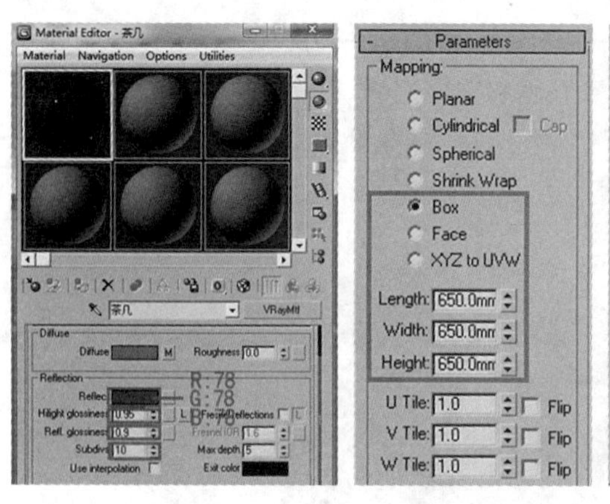

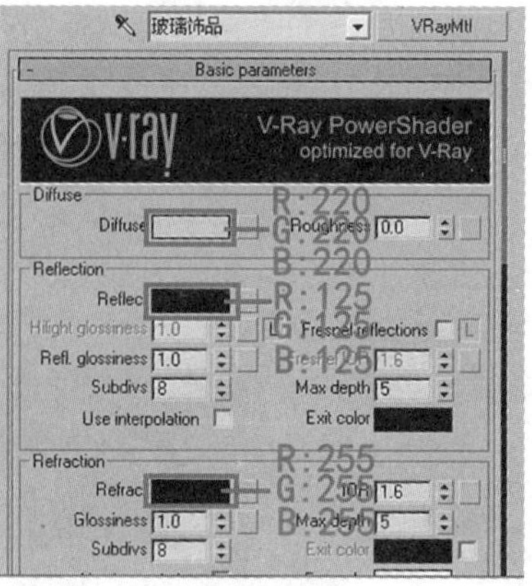

图 2-1-87（左）
图 2-1-88（中）
图 2-1-89（右）

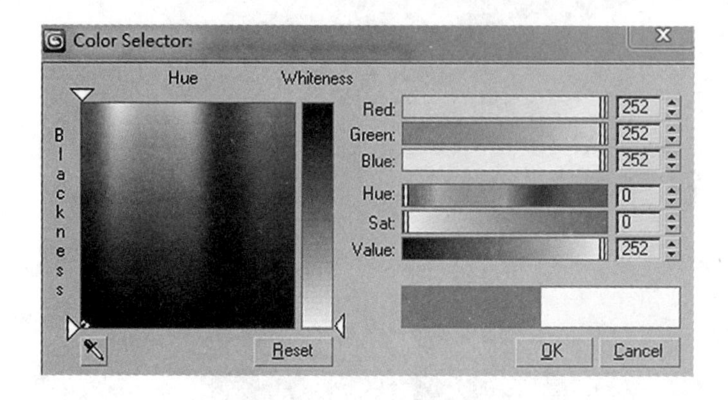

图 2-1-90

3.2.7 乳胶漆材质编辑

（1）编辑材质，单击，出现对话框，击活材质球，输入材质名称“白色乳胶漆”，单击 Standard ，出现对话框，点击 VRayMtl ，点击 OK ，单击 Diffuse ，调整参数（图 2-1-90）。选择房间，单击，将材质指定给房间。

（2）编辑材质，单击，出现对话框，击活材质球，输入材质名称“黄色乳胶漆”，单击 Standard ，出现对话框，点击 VRayMtl ，点击 OK ，单击 Diffuse ，调整参数（图 2-1-91）。选择“墙 01”，单击，将材质指定给墙面。

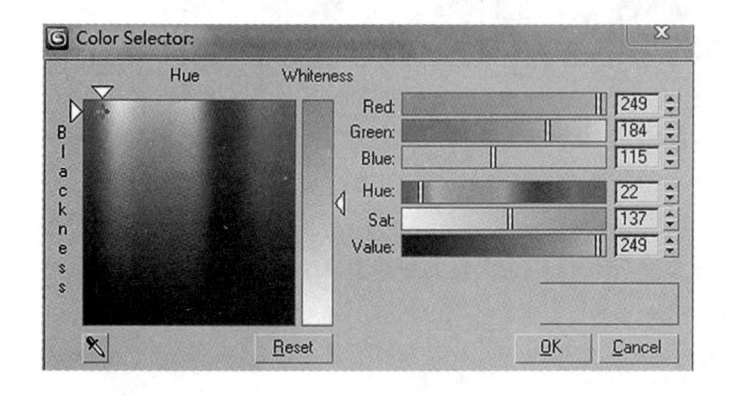

图 2-1-91

3.2.8　木地板材质编辑

编辑材质，单击，出现对话框，击活材质球，输入材质名称“地面”。单击 Standard ，出现对话框，点击 VRayMtl ，单击 Diffuse 后面的小图标，出现对话框，选择 Bitmap，点击 OK ，找到贴图文件“紫檀木地板 3.jpg”，单击 Reflect 后面的小图标，出现对话框，选择 Falloff ，调整参数（图 2–1–92）。单击 Maps 下面的 Bump 选项后面的 None，出现对话框，选择 Bitmap，点击 OK 。找到贴图文件“紫檀木地板 1– 亮 .jpg.”（图 2–1–93），调整材质属性（图 2–1–94），选择地面，单击，单击，选择 UVW Map。单击，将材质指定给地面。

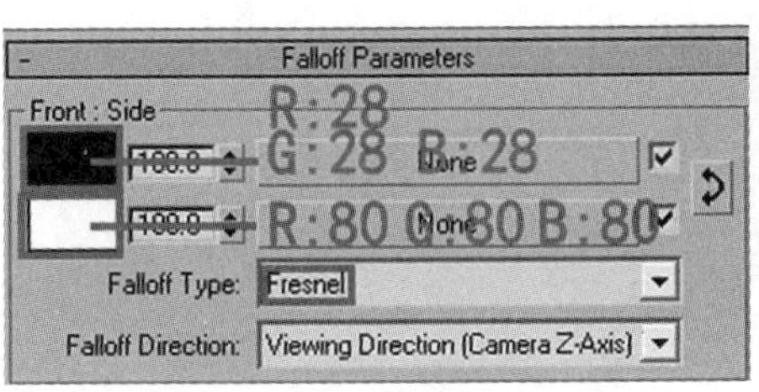

Maps			
Diffuse	100.0	✓	Map #50 (紫檀木地板3.jpg)
Roughness	100.0	✓	None
Reflect	100.0	✓	Map #51 (Falloff)
HGlossiness	100.0	✓	None
RGlossiness	100.0	✓	None
Fresnel IOR	100.0	✓	None
Anisotropy	100.0	✓	None
An. rotation	100.0	✓	None
Refract	100.0	✓	None
Glossiness	100.0	✓	None
IOR	100.0	✓	None
Translucent	100.0	✓	None
Bump	5.0	✓	Map #52 (紫檀木地板1-亮.jpg)
Displace	100.0	✓	None
Opacity	100.0	✓	None
Environment		✓	None

图 2–1–92（左）
图 2–1–93（右）

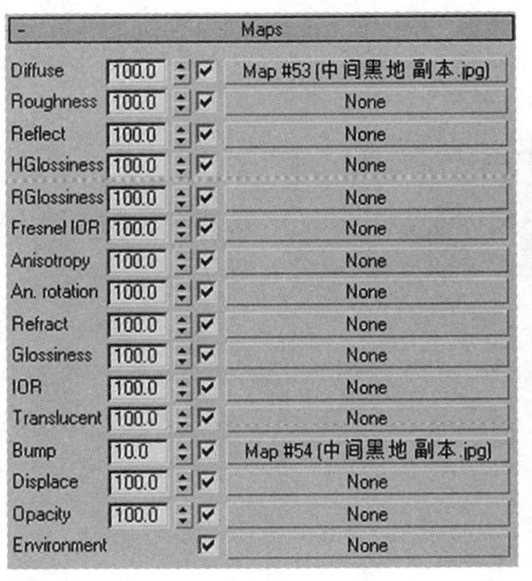

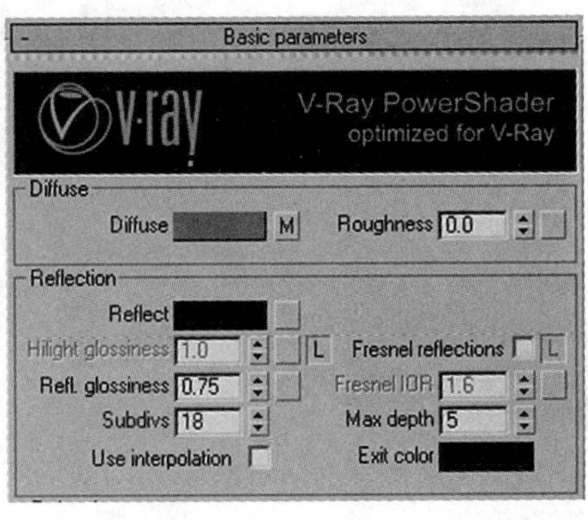

图 2–1–94（左）
图 2–1–95（右）

3.2.9　地毯材质编辑

单击，击活材质球，输入材质名称“地毯”。单击 Standard ，出现对话框，点击 VRayMtl 。单击 Diffuse 后面的小图标，出现对话框，选择 Bitmap，点击 OK 找到贴图文件“中间黑地副本 .jpg”，参数设置如图 2–1–94 所示，选择地毯，单击，将材质指定给地毯。

3.2.10 窗帘材质编辑

单击，击活材质球，输入材质名称“窗帘”。参数设置如图 2–1–95 所示，贴图设置、参数设置如图 2–1–96 所示。选择窗帘，单击，指定材质。

3.2.11 灯片材质编辑

选择一个新材质球，输入材质名称“灯片”，点击 Standard，选择 Blend。单击 OK。出现对话框，选择图 2–1–97 所示选项。点击 Material 1: Material #65（Standard），点击 Standard，选择 VRayMtl，点击 OK。参数设置如图 2–1–98 所示。点击 Diffuse 后面的，选择贴图文件“发光 .tif”。

点击 Material 2: Material #66（Standard），点击 Standard，选择 VRayLightMtl，点击 OK。参数设置如图 2–1–99 所示。选择“灯”，点击，指定材质。

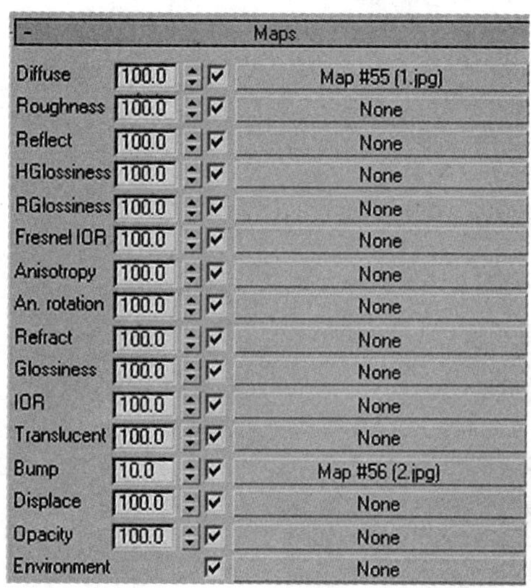

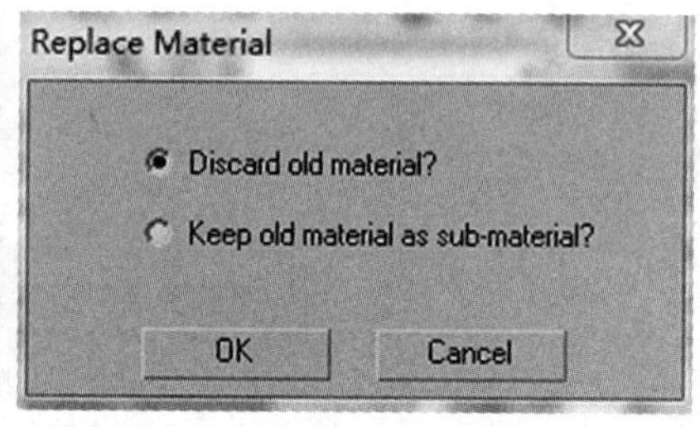

图 2–1–96（左）
图 2–1–97（右）

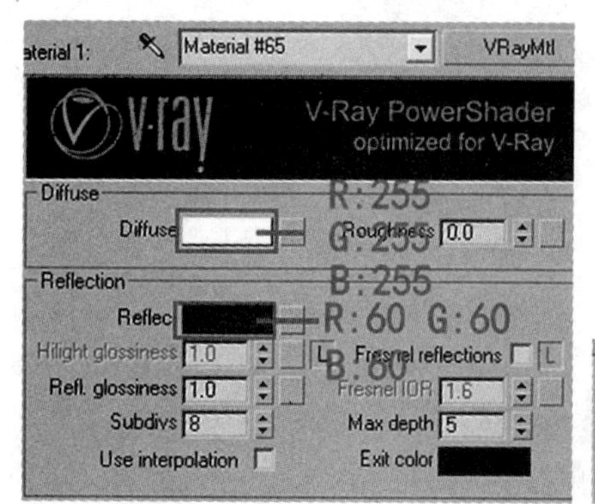

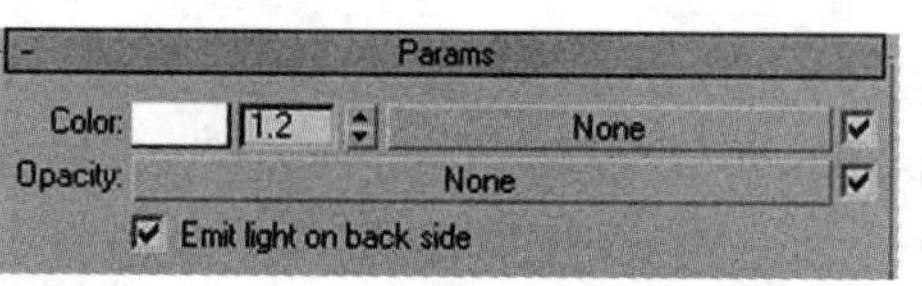

图 2–1–98（左）
图 2–1–99（右）

3.2.12 窗户玻璃材质编辑

选择一个新材质球，输入材质名称“窗户玻璃”，单击 Standard ，选择 VRayMtl 。参数设置如图 2–1–100 所示。选择窗户玻璃，点击，指定材质。

3.2.13 塑钢窗框材质编辑

选择一个新材质球，输入材质名称“窗户框”，单击 Standard ，选择 VRayMtl ，点击 Diffuse ，调整参数（图 2–1–101），选择所有的窗户框，点击，指定材质。

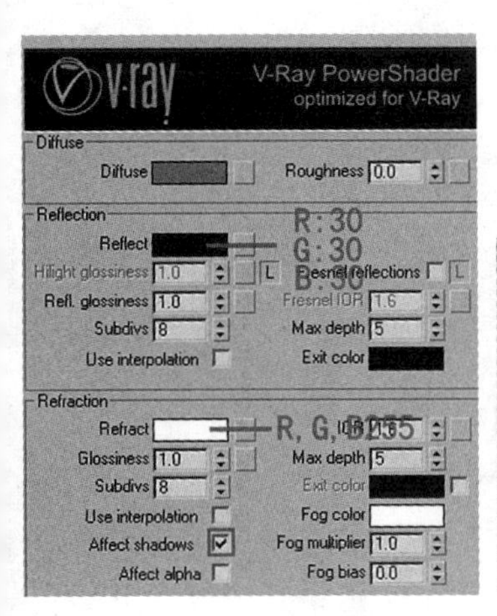

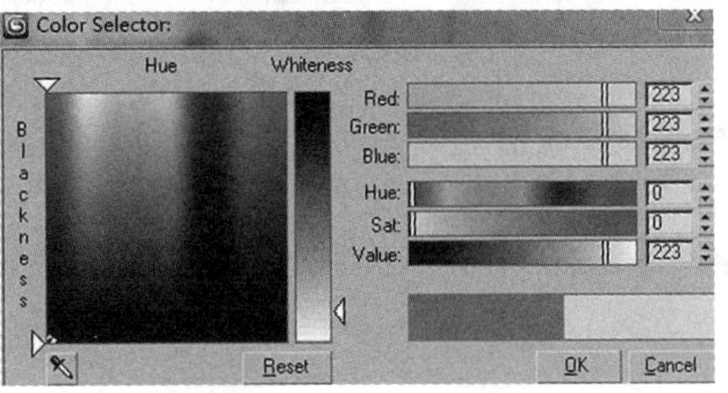

图 2–1–100（左）
图 2–1–101（右）

3.2.14 金属材质编辑

选择一个新材质球，输入材质名称“金属”，单击 Standard ，选择 VRayMtl ，点击 Diffuse ，调整参数（图 2–1–102），选择窗帘杆、配件、圆环，点击，指定材质。

3.2.15 LED 材质编辑

电视屏幕材质编辑。选择一个新材质球，输入材质名称“屏幕”，单击 Standard ，选择 VRayLightMtl ，添加贴图（图 2–1–103）。在视图中选择屏幕，点击，指定材质。

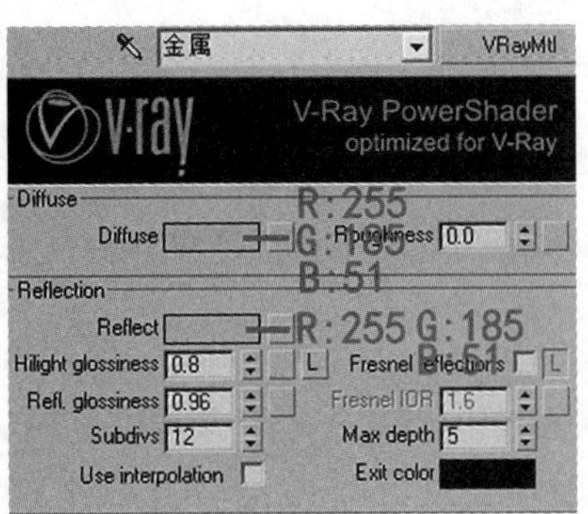

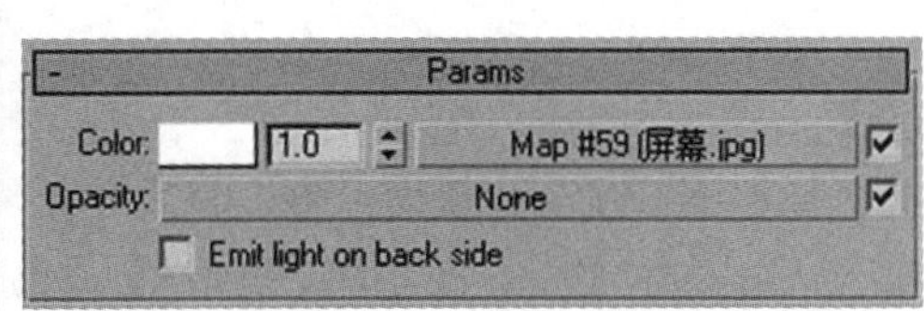

图 2–1–102（左）
图 2–1–103（右）

3.2.16 壁饰材质编辑

（1）选择一个新材质球，输入材质名称“壁饰 01”，单击 Standard ，选择 VRayMtl ，点击 Diffuse ，调整参数（图 2–1–104）。在视图中选择“壁饰 01”、“壁饰 02”，点击 ，指定材质。

（2）选择一个新材质球，输入材质名称“壁饰 02”，单击 Standard ，选择 VRayMtl 。点击 Diffuse ，调整参数（图 2–1–105）。在视图中选择“壁饰 03”、“壁饰 04”，点击 ，指定材质。

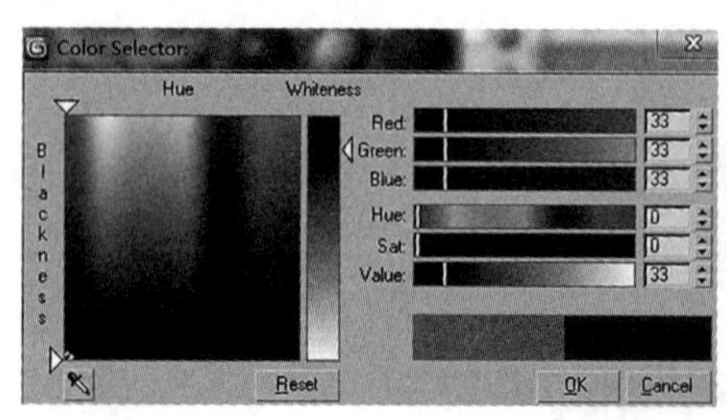

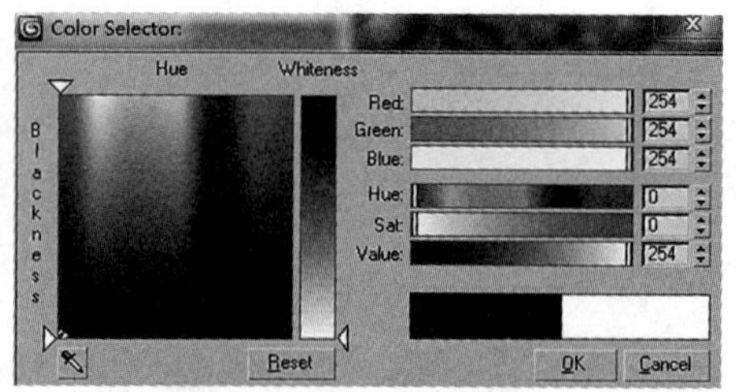

图 2–1–104（左）
图 2–1–105（右）

3.2.17 亚光不锈钢板材质编辑

单击 ，击活材质球，输入材质名称“踢脚”。单击 Standard ，出现对话框，点击 VRayMtl 。点击 Reflect ，Value ：50，其他参数设置如图 2–1–106 所示。在视图中选择踢脚，点击 ，指定材质。

3.2.18 配景材质编辑

配景材质编辑。单击 ，击活材质球，输入材质名称“配景”，单击 Standard ，出现对话框，点击 VRayMtlWrapper ，点击 OK ，选择 Discard old material? ，点击 OK 。单击 Base material 后面的 None ，出现对话框，选择 Architectural ，点击 OK 。点击 Diffuse Map 后面的 None ，添加贴图文件，如图 2–1–107 所示。将材质指定给窗户外面的弧形物体。

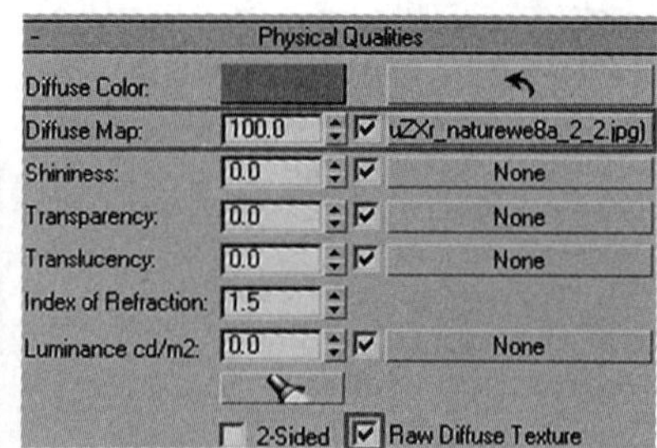

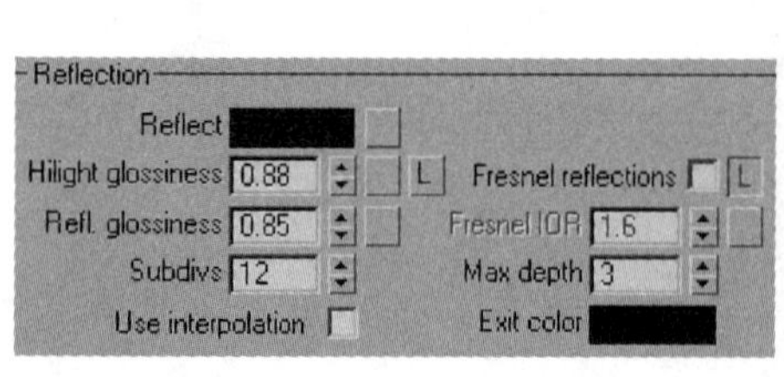

图 2–1–106（左）
图 2–1–107（右）

3.2.19 筒灯材质编辑

（1）筒灯材质编辑。单击 ，击活材质球，输入材质名称“筒灯”，调整参数设置如图 2–1–108 所示。在视图中选择筒灯，点击 ，指定材质。

（2）至此场景中的材质基本编辑完成。配套操作文件／简约客厅／场景 1.max 文件。

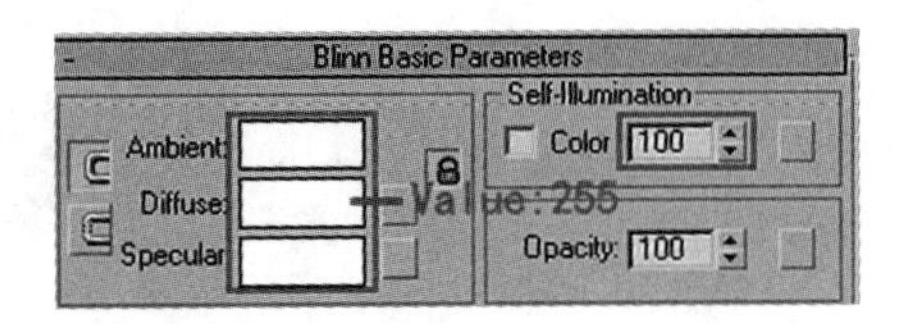

图 2-1-108

3.3 灯光设置与场景渲染

3.3.1 3ds max 灯光设置

（1）打开场景文件。单击 File，单击“Open”，打开文件。

（2）模拟太阳光。单击，单击，单击下拉式箭头，选择 Standard，单击 Target Direct，在顶视图创建 Target Direct 灯，调整灯的位置（图 2-1-109）。相关参数设置如图 2-1-110、图 2-1-111 所示。

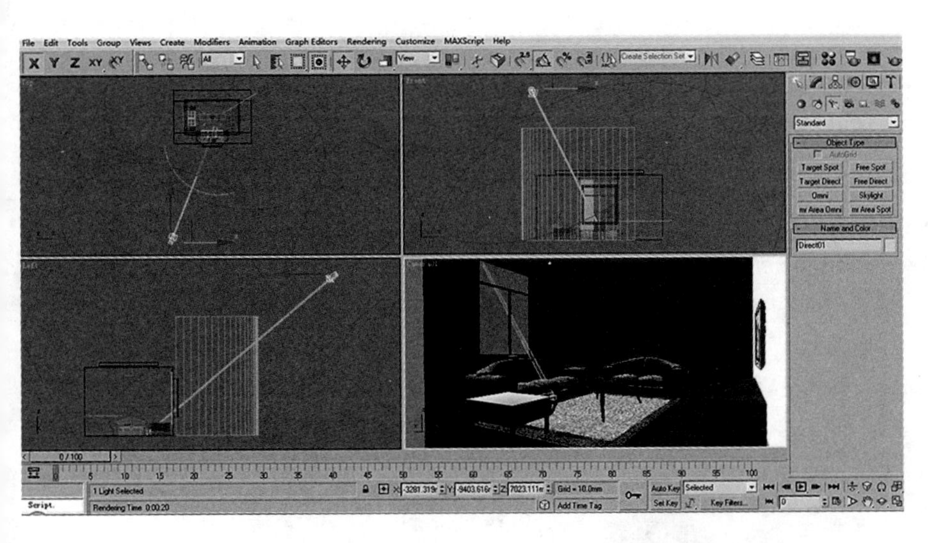

图 2-1-109

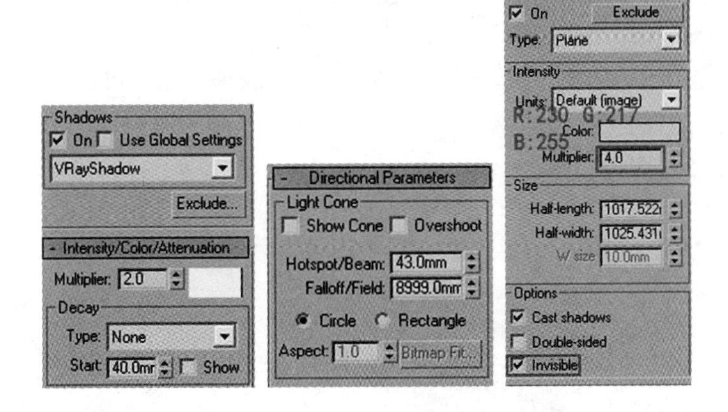

图 2-1-110（左）
图 2-1-111（中）
图 2-1-112（右）

（3）模拟天光。单击，单击，单击下拉式箭头，选择 VRay，单击 VRayLight，在前视图创建 Vray 灯，参数设置如图 2-1-112 所示。在场景当中的位置如图 2-1-113 所示。

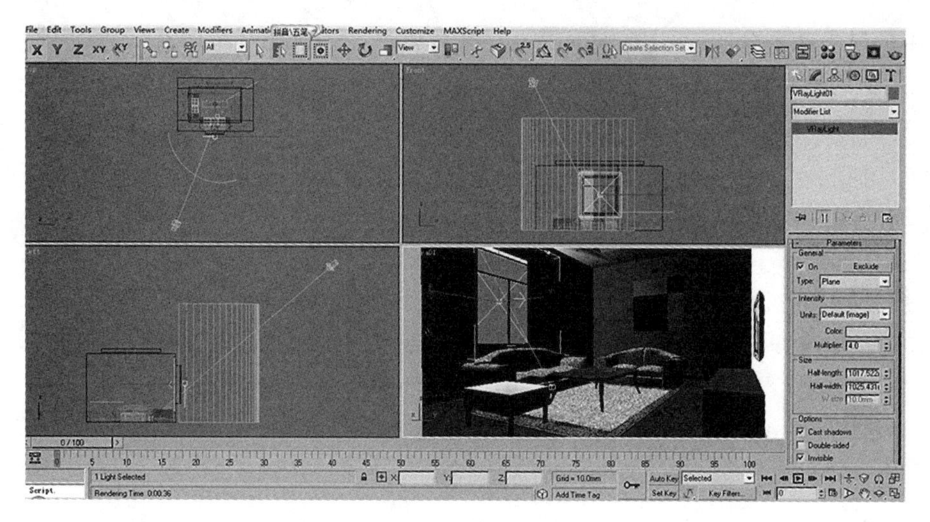

图 2–1–113

(4) 创建筒灯。单击，单击，单击下拉式箭头，选择 Photometric，点击 Target Light，在左视图自上而下创建筒灯，灯的位置如图 2–1–114 所示。灯光的发散方式选择光域网，设置参数（图 2–1–115），其他参数如图 2–1–116 所示。将筒灯复制，分布在合适的位置（图 2–1–117）。

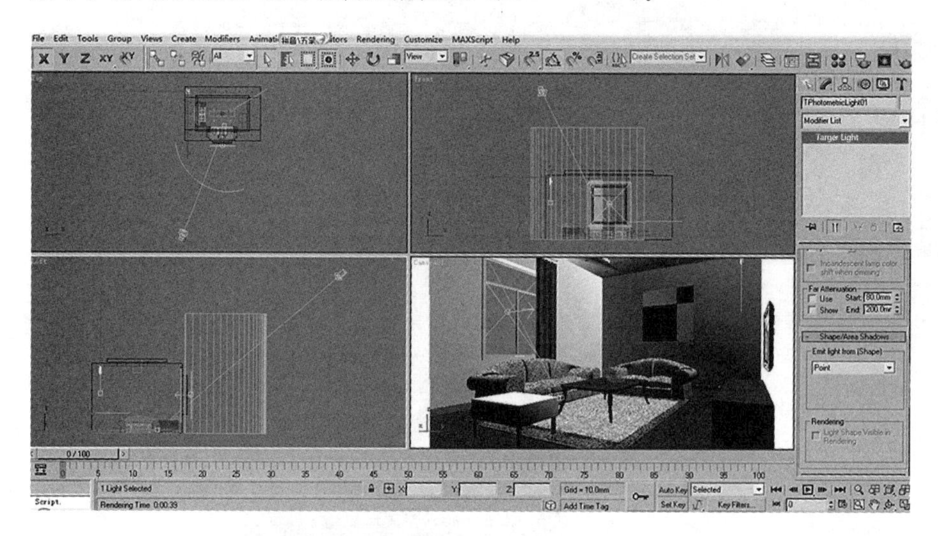

图 2–1–114

Shadows
On Use Global Settings
VRayShadow
Exclude...
Light Distribution (Type)
Photometric Web
-Distribution (Photometric Web)
经典筒灯

- Intensity/Color/Attenuation
Color
D65 Illuminant (Refere
Kelvin: 3600.0
Filter Color:
Intensity
lm cd lx at
1516.0 1000.0mr

图 2–1–115（左）
图 2–1–116（右）

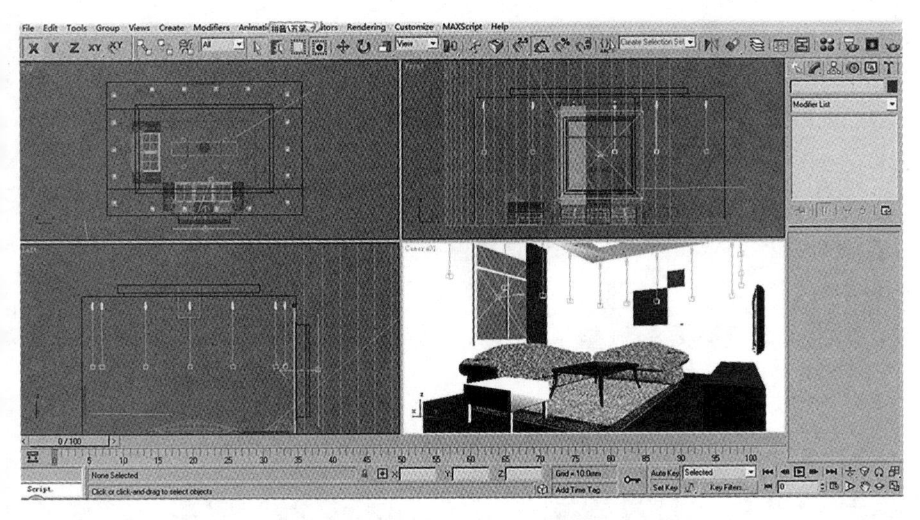

图 2-1-117

（5）创建灯带。单击，单击，单击下拉式箭头，选择 VRay，单击 VRayLight，在顶视图创建 Vray 灯，并将其移到灯槽内，位置如图 2-1-118 所示。设置参数（图 2-1-119）。将 Vray 灯复制，调整好位置（图 2-1-120）。

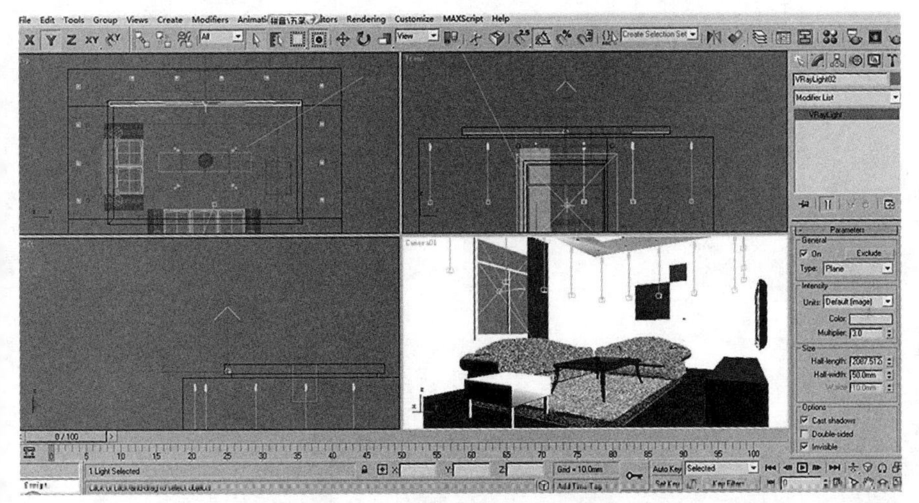

图 2-1-118

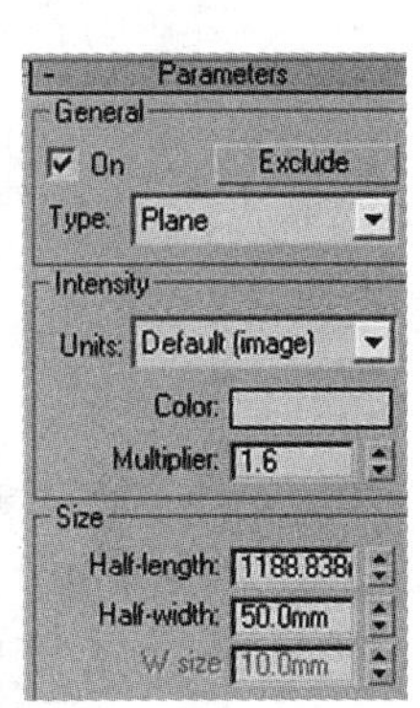

图 2-1-119

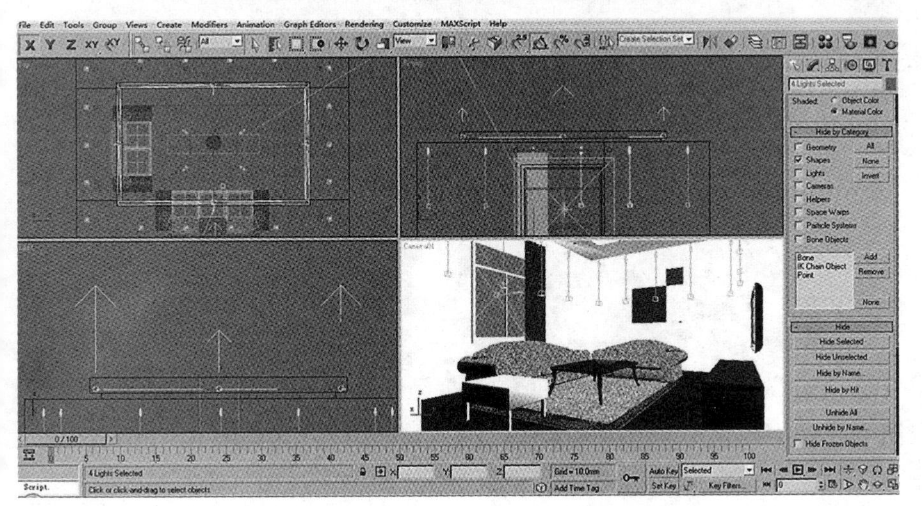

图 2-1-120

(6）灯光布置基本完成。配套操作文件 / 简约客厅 / 场景 2.max 文件。

3.3.2 场景渲染

(1）在图 2-1-120 所示场景的基础上，点击[icon]，出现渲染对话框，参数设置如图 2-1-121 ~图 2-1-125 所示。点击 Render。渲染出来以后，点击[icon]，将文件保存。配套操作文件 / 简约客厅 / 场景 3.max 文件。

(2）在 Photoshop 软件里进行必要的调整，最终效果如图 2-1-126 所示。

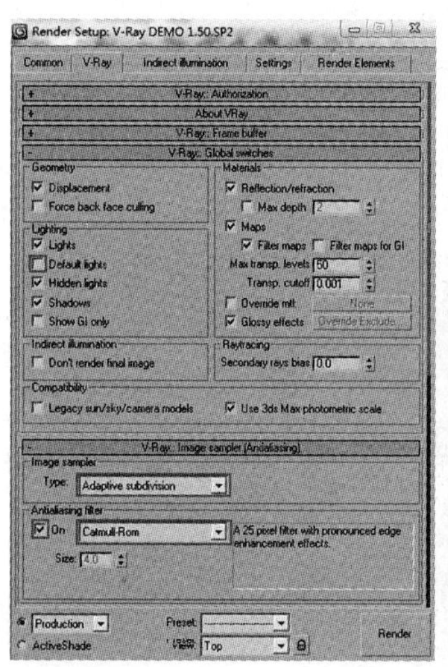

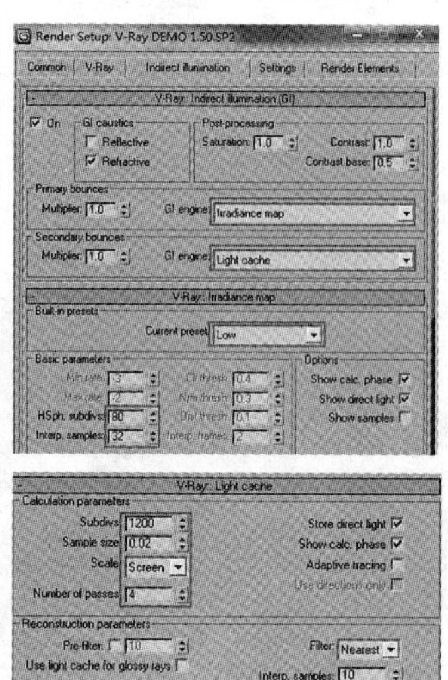

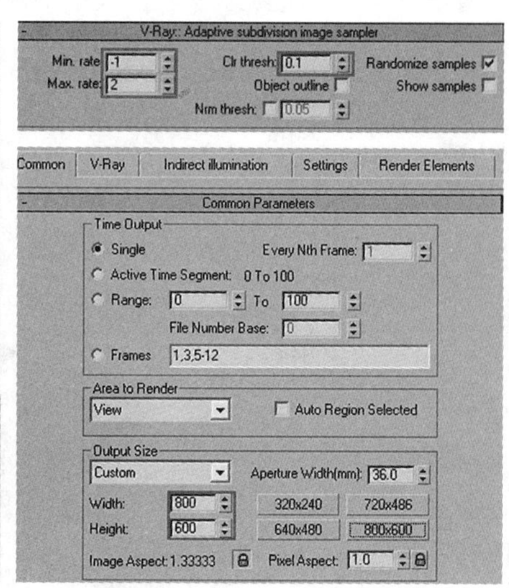

图 2-1-121（左）
图 2-1-122（中上）
图 2-1-123（中下）
图 2-1-124（右上）
图 2-1-125（右下）

图 2-1-126

附：建筑装饰效果图案例及分析

图 2–1–127　卧室

图 2–1–128　会议室

图 2–1–129　会议室

上面的几张图构图完整，强调了光、色、型、质，注重对比，前后进深关系表现得比较明确，较为清楚地展示了设计效果。

【思考题和练习题】

1. 如何使用二维图形的布尔运算？
2. 阐述放样的基本过程？
3. 什么样的二维图形是正确的放样路径？
4. 如何使用FFD修改器创建模型？
5. 如何使用VRay材质的菲涅耳反射？

3 模块 3　商业空间

【知识点】建模基本命令、工具栏中的工具、合并命令、模型导入命令，VRay 材质编辑，相机设置，VRay 渲染器。

【学习目标】通过咖啡厅效果图的制作，使学生掌握 3ds　max 软件。学习模型合并、模型调整、材质编辑、相机设置、场景渲染等软件操作技术。

学习情境　咖啡厅

1　学习目标

（1）熟悉 3ds max 的合并命令及相关参数。
（2）掌握 VRay 材质编辑。
（3）能够进行合理的灯光设置。
（4）理解相关渲染参数，掌握渲染流程。

2　相关知识

设计方案，模型合并，材质编辑，光源设置，场景渲染。

3　项目单元

3.1　模型调用

场景模型调用。

（1）打开配套操作文件 / 咖啡厅 / 场景 .max 文件（图 3–1–1）。这是一个餐饮空间的全部模型。

（2）笔者已将相机调整好。

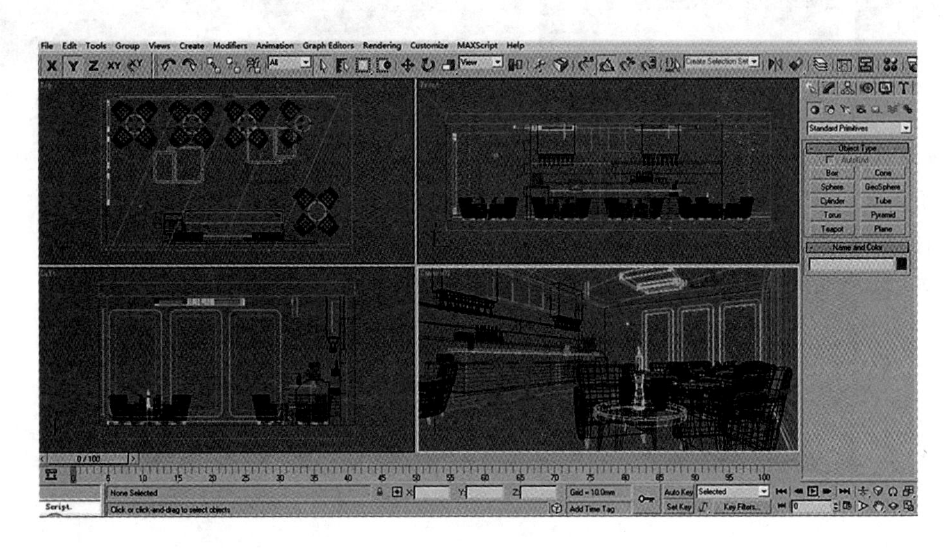

图 3–1–1

3.2　材质编辑

3.2.1　哑光漆材质编辑

（1）首先设置 Vray 渲染器。

（2）单击▣，出现对话框，击活材质球，输入材质名称“白色乳胶漆”，单击 Standard ，出现对话框，点击 VRayMtl ，点击 OK 。单击 Diffuse ，调整参数（图 3–1–2）。选择顶面，单击▣，将材质指定。

3.2.2 烤漆玻璃材质编辑

单击▣，出现对话框，击活材质球，输入材质名称“烤漆玻璃”，单击 Standard ，出现对话框，点击 VRayMtl ，点击 OK 。单击 Diffuse ，设置颜色（R：254，G：174，B：87）。单击 Reflect ，设置颜色（R：56，G：38，B：19）。选择“玻璃 –1”、“玻璃 –2”、“玻璃 –3”，单击▣，指定材质。

3.2.3 窗户玻璃材质编辑

单击▣，出现对话框，击活材质球，输入材质名称“窗户玻璃”，单击 Standard ，选择 VRayMtl 。参数设置如图 3–1–3 所示。选择窗户玻璃，点击▣，指定材质。

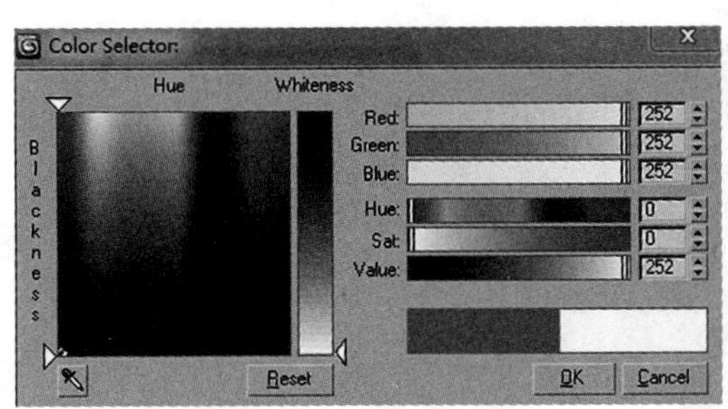
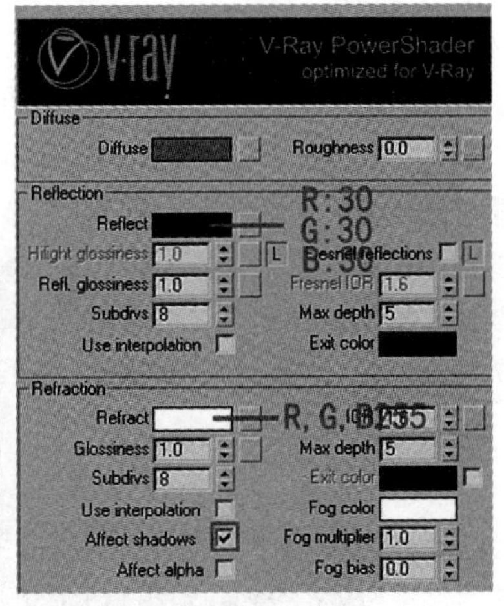

图 3–1–2（左）
图 3–1–3（右）

3.2.4 亚克力灯片材质编辑

单击▣，出现对话框，击活材质球，输入材质名称“灯片”，单击 Standard ，选择 Blend ，选择 Discard old material? 。在 Material 1 材质中加入 VrayLightMtl 材质，颜色强度设置为 1.1。在 Material 1 材质中加入 VraytMtl 材质，设置 Diffuse 颜色为（R：255，G：255，B：255）。在 Reflect 的颜色通道中加入 Falloff，强度 Value 为（R：0，G：0，B：0）、（R：90，G：90，B：90）。Refract 颜色为（R:200，G:200，B:200），如图 3–1–4 所示。选择“灯片”、“灯片 –A”、“灯片 –B”以及所有的筒灯，指定材质。

3.2.5 地砖材质编辑

击活材质球，输入材质名称“地面”。单击 Standard ，出现对话框，点击 VRayMtl 。单击 Diffuse 后面的小图标▣，出现对话框，选择 Bitmap ，点

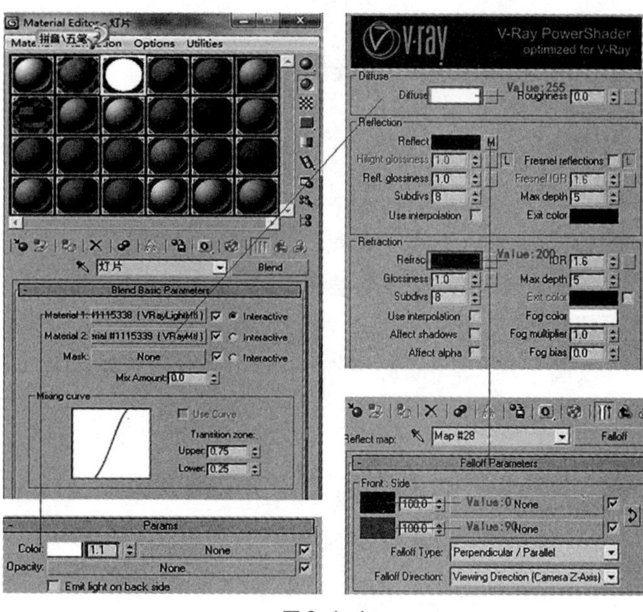

图 3–1–4

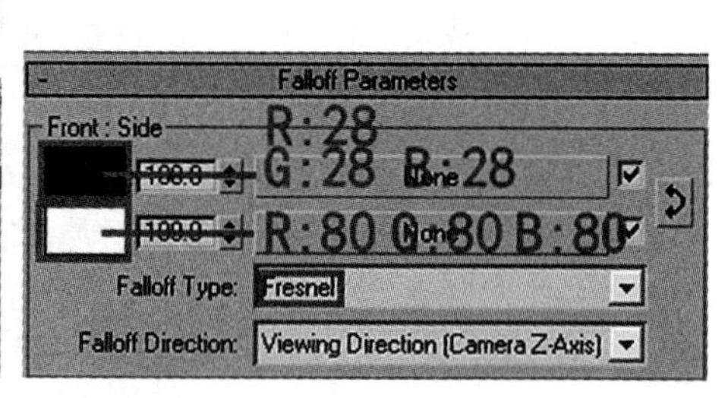

图 3–1–5

击 OK 。找到贴图文件"银线米黄 –2 地面 .jpg"。单击 Reflect 后面的小图标，出现对话框，选择 Falloff ，调整参数（图 3–1–5）。选择地面，指定材质。

3.2.6 清漆木饰面材质编辑

编辑材质，单击，出现对话框，击活材质球，输入材质名称"木饰面"，选择 Vray Mtl 材质库，依次点击如图 3–1–6 所示图标，添加贴图文件，其他参数设置如图 3–1–7 所示。选择"服务台立面"及"桌 –1"、"桌 –2"、"桌 –3"、"桌 –4"、"桌 –5"，指定材质。

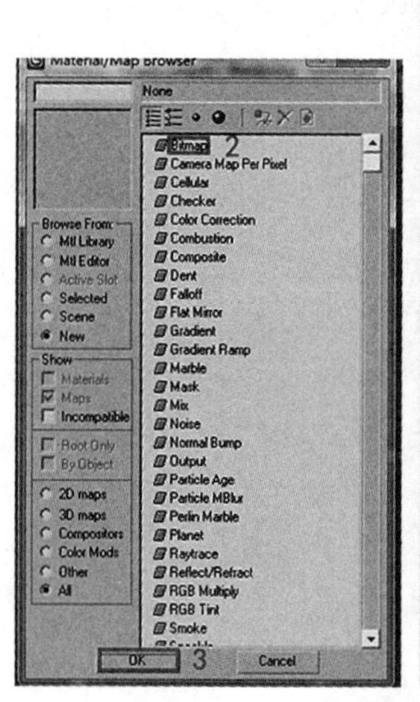

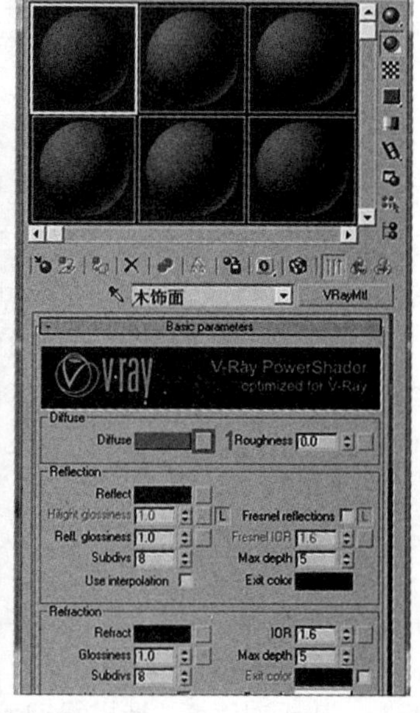

图 3–1–6

图 3–1–7

3.2.7 沙发材质编辑

编辑材质，击活材质球，输入材质名称"沙发椅"，选择 Vray Mtl 材质库，单击 Diffuse ，设置颜色（R：155，G：30，B：5）。单击 VRayMtl ，选择 VRayMtlWrapper，出现对话框，选择 Keep old material as sub-material?，调整参数（图 3-1-8）。选择沙发椅，指定材质。

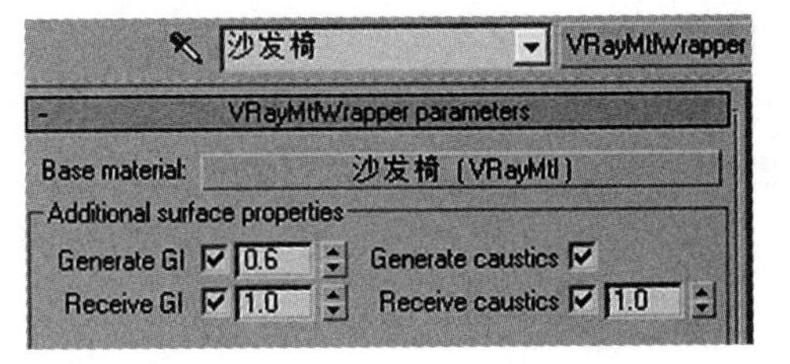

图 3-1-8

3.2.8 不锈钢材质编辑

击活材质球，输入材质名称"不锈钢"，选择 Vray Mtl 材质库，调整参数（图 3-1-9）所示。选择"扶手"、"沙发腿"、"金属架"、"吊杆"、"桌腿"、"门五金"、"踢脚"、"设备"，指定材质。

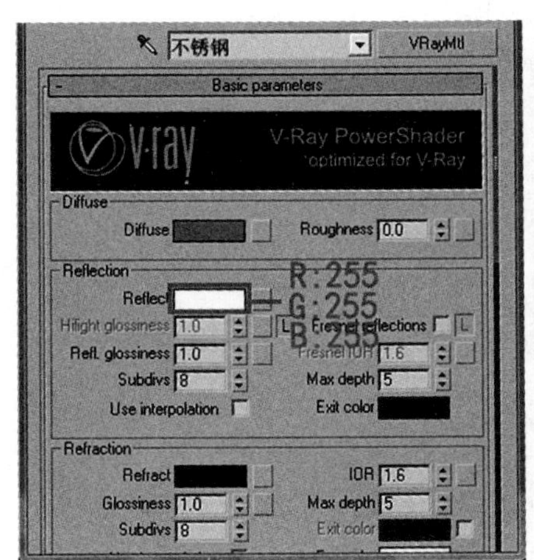

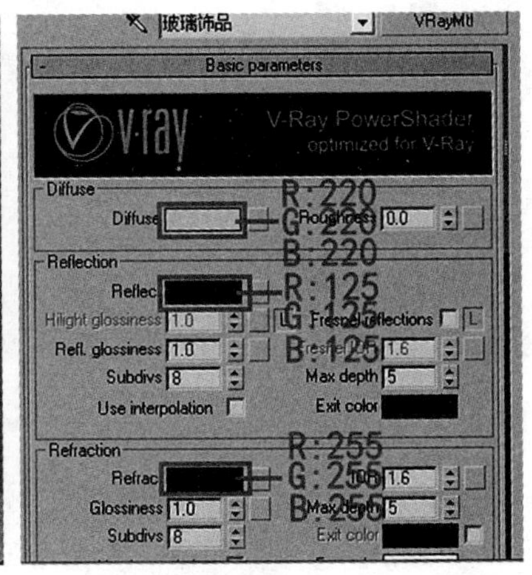

图 3-1-9（左）
图 3-1-10(右)

3.2.9 玻璃杯材质编辑

（1）编辑材质，击活材质球，输入材质名称"玻璃杯"，选择 Vray Mtl 材质库，参数设置如图 3-1-10 所示。选择所有玻璃制品指定材质。

（2）编辑材质，击活材质球，输入材质名称"烤漆玻璃 1"，单击 Standard ，出现对话框，点击 VRayMtl ，点击 OK 。单击 Diffuse ，设置颜色（R：177，G：255，B：213）。单击 Reflect ，设置颜色（R：40，G：60，B：50）。选择"立面 1"，单击 ，将材质指定。

3.2.10 塑料材质编辑

编辑材质，击活材质球，输入材质名称"吧凳"，选择 Vray Mtl 材质库，点击 OK ，单击 Diffuse ，设置颜色（R：249，G：247，B：63）。Reflect ，Value：102。选择"吧凳 -1"、"吧凳 -2"，指定材质。

3.2.11 灰色玻璃材质编辑

编辑材质，击活材质球，输入材质名称“灰色玻璃”，选择 Vray Mtl 材质库，单击 Diffuse，设置颜色（R：188，G：223，B：223）。Reflect，设置颜色（R：132，G：157，B：157）。选择“弧形玻璃”，指定材质。

3.2.12 木材质编辑

（1）编辑材质，击活材质球，输入材质名称“黑木”，选择 Vray Mtl 材质库，相关参数设置如图 3–1–11 所示。选择“黑木 1”、“黑木 2”，指定材质。

（2）编辑材质，击活材质球，输入材质名称“墙 1”，选择 Vray Mtl 材质库，相关参数设置如图 3–1–12 所示。选择“墙 1”，指定材质。

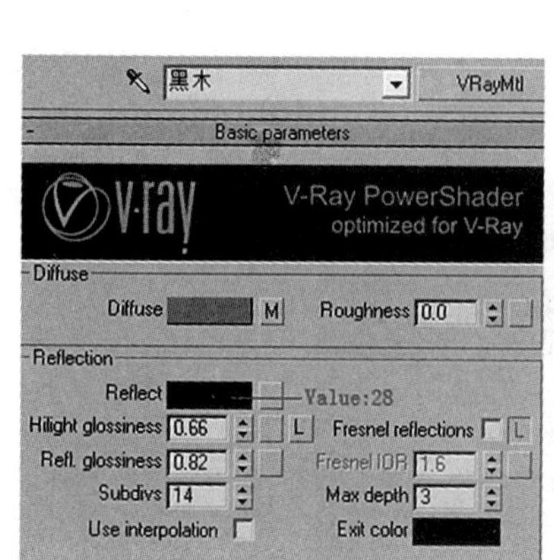

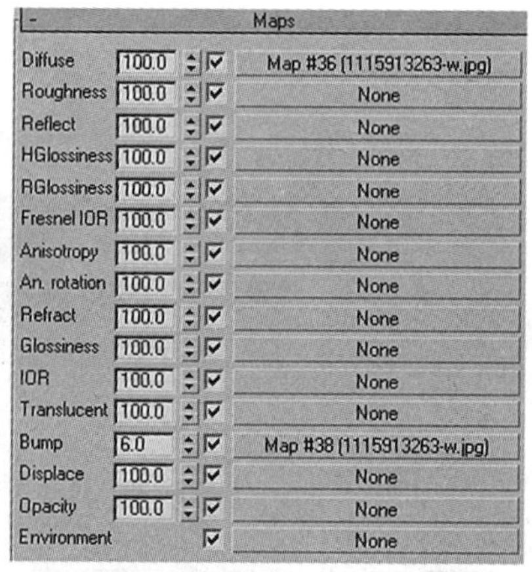

图 3–1–11

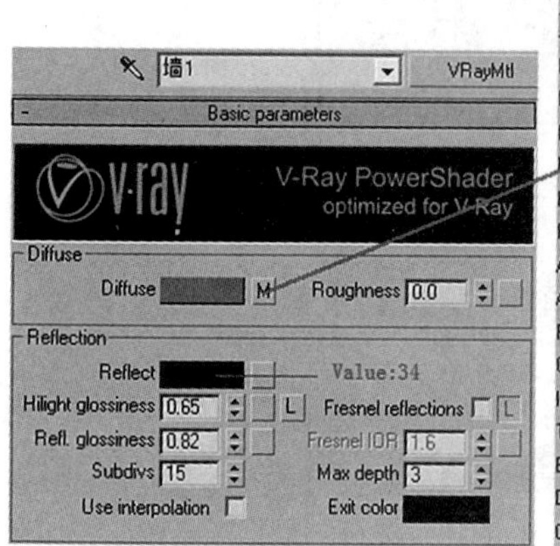

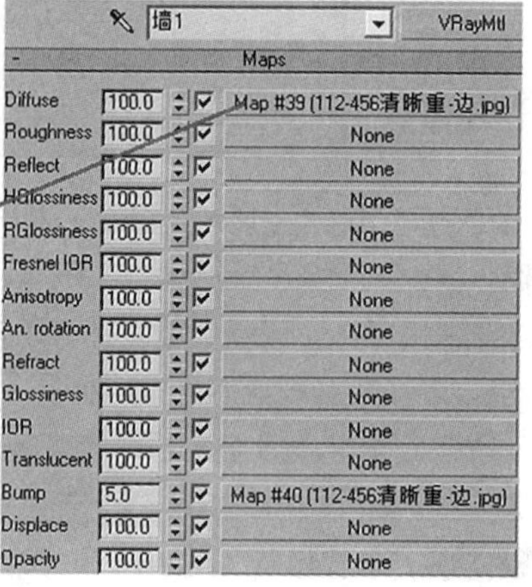

图 3–1–12

3.2.13 铝塑板材质编辑

编辑材质，击活材质球，输入材质名称“白漆”，选择 Vray Mtl 材质库，点击 OK，单击 Diffuse，设置颜色（R：253，G：253，B：253）。Reflect，Value：82。选择“壁饰 –1”、“壁饰 –2”、“壁饰 –3”、“灯”、“台面”、“环 –1”、“环 –2”、“环 –3”、“设备箱”，指定材质。

3.2.14 亚光铝板材质编辑

编辑材质，击活材质球，输入材质名称“亚光不锈钢”。单击 Standard ，出现对话框，点击 VRayMtl 。点击 Reflect ，Value：50。其他参数设置如图 3–1–13 所示。在视图中选择灯箱，点击 ，指定材质。

3.2.15 亚克力灯片材质编辑

选择一个新材质球，输入材质名称“灯箱片”，单击 Standard ，选择 VRayLightMtl ，添加贴图（图 3–1–14）。在视图中选择“灯箱片 1”，点击 ，指定材质。其他三个灯箱片也用相同的方法编辑，参考图 3–1–14。将材质指定给“壁画 01”、“壁画 02”、“壁画 03”。

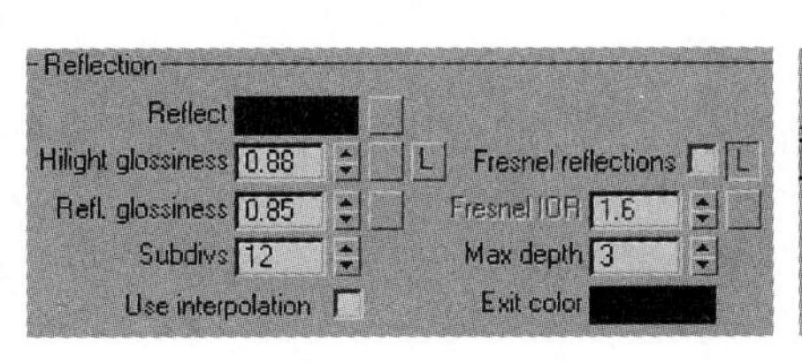

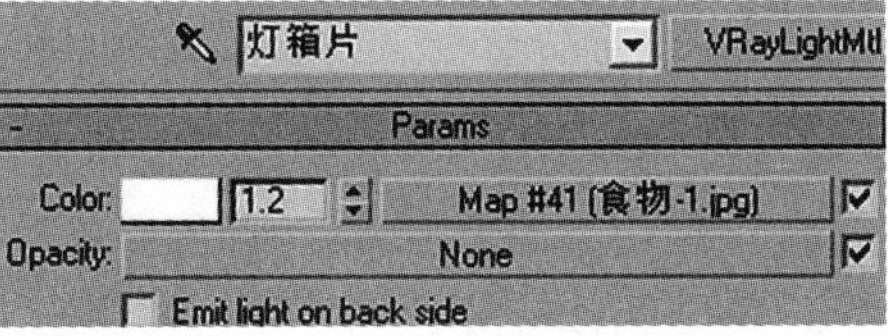

图 3–1–13（左）
图 3–1–14（右）

3.2.16 木饰面板材质编辑

击活材质球，输入材质名称“白橡”，选择 Vray Mtl 材质库，相关参数设置如图 3–1–15 所示。选择“后墙”，指定材质。

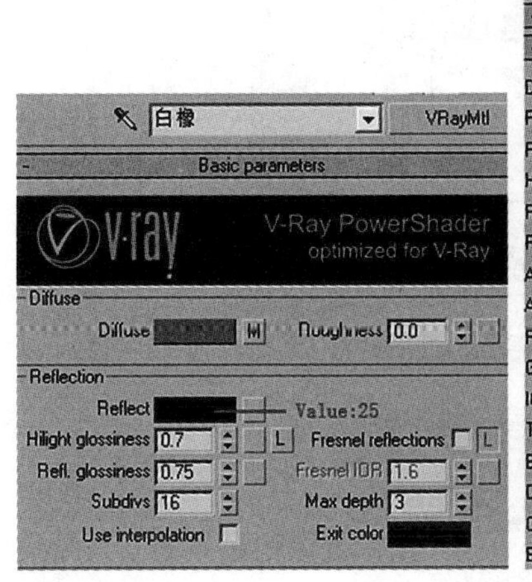

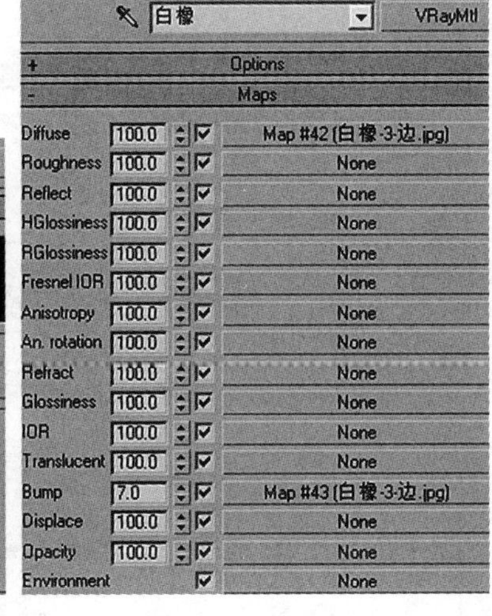

图 3–1–15

3.2.17 黑色哑光漆材质编辑

编辑材质，输入材质名称“黑色”，选择 Vray Mtl 材质库，单击 Diffuse ，Value：20。 Reflect ，Value：13。选择“灯罩”、“台板”，指定材质。

3.2.18 绿色玻璃材质编辑

（1）编辑材质，输入材质名称“瓶子”，选择 Vray Mtl 材质库，相关参数设置如图 3–1–16 所示。

（2）至此场景材质基本编辑完成。配套操作文件／咖啡厅／场景 .max 文件。

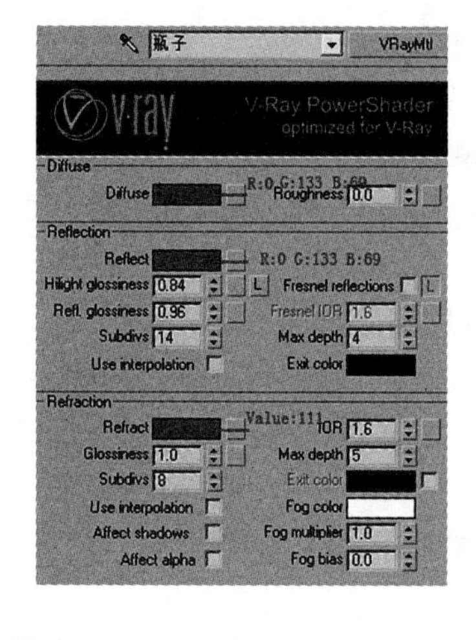

图 3–1–16

3.3 灯光设置与场景渲染

3.3.1 灯光设置

（1）打开场景文件，配套操作文件／咖啡厅／场景 .max 文件。

（2）模拟太阳光。单击[图标]，单击[图标]，单击下拉式箭头[图标]，选择 Standard，单击 Target Direct，在顶视图创建 Target Direct 灯，调整灯的位置，如图 3–1–17 所示。相关参数设置如图 3–1–18 所示。

（3）模拟天光。单击[图标]，单击[图标]，单击下拉式箭头[图标]，选择 VRay，单击 VRayLight，在前视图创建 Vray 灯，设置参数（图 3–3–19）。将其复制一个，在场景当中的位置如图 3–1–20 所示。

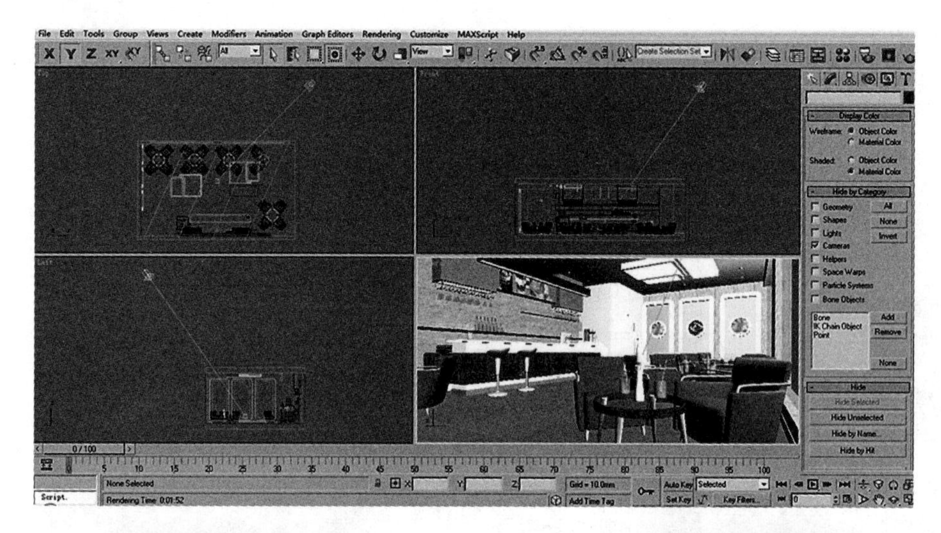

图 3–1–17

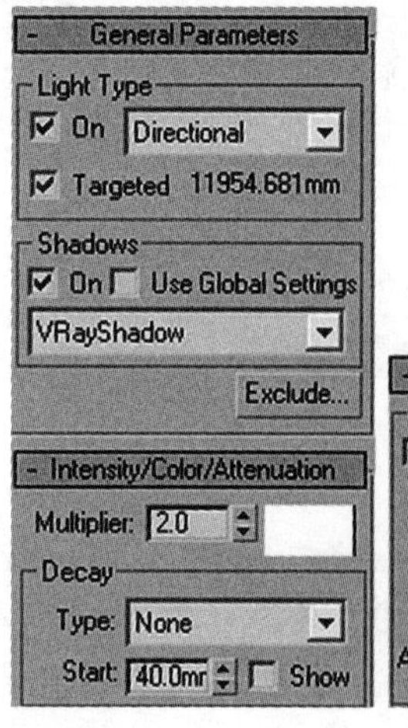

图 3–1–18（左）
图 3–1–19（右）

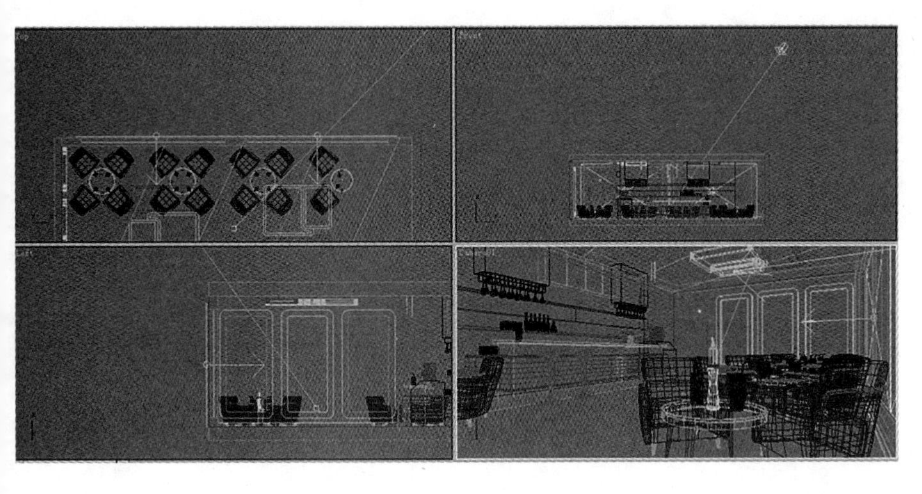

图 3–1–20

（4）创建筒灯。单击，单击，单击下拉式箭头，选择 Photometric，点击 Target Light，在左视图自上而下创建筒灯，灯的位置如图 3–1–21 所示。灯光的发散方式选择光域网，设置参数（图 3–1–22）。将筒灯复制，分布在合适的位置（图 3–1–23）。

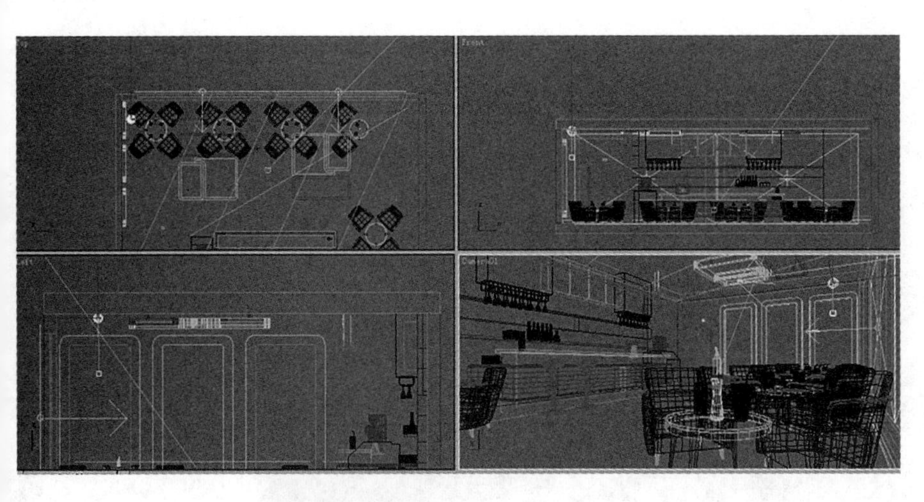

图 3–1–21

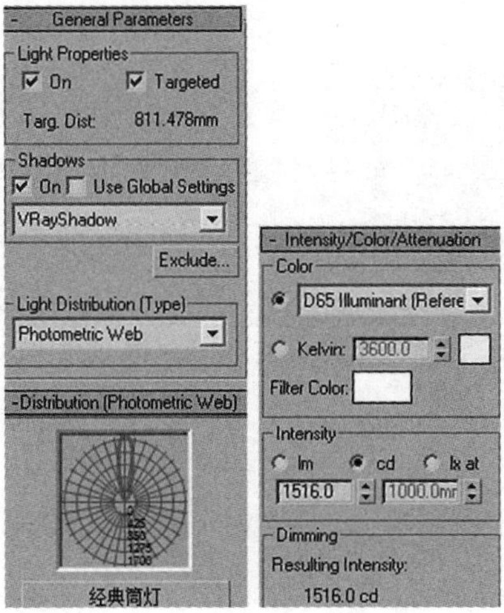

General Parameters
Light Properties
On　Targeted
Targ. Dist: 811.478mm
Shadows
On　Use Global Settings
VRayShadow
Exclude...
Light Distribution (Type)
Photometric Web
Distribution (Photometric Web)
经典筒灯

Intensity/Color/Attenuation
Color
D65 Illuminant (Refere
Kelvin: 3600.0
Filter Color:
Intensity
lm　cd　lx at
1516.0　1000.0mr
Dimming
Resulting Intensity:
1516.0 cd

图 3–1–22

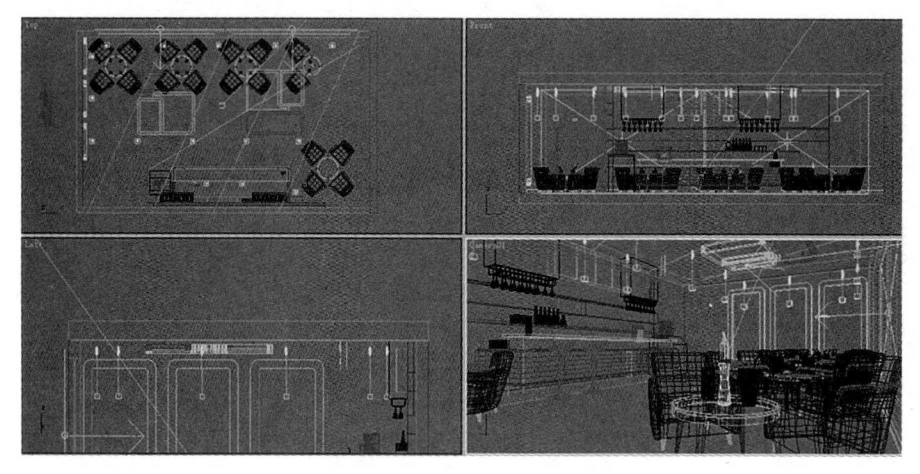

图 3-1-23

(5) 模拟灯片。单击，单击，单击下拉式箭头，选择 VRay，单击 VRayLight，在顶视图创建 Vray 灯，VrayLight03，为观察方便，将其他物体隐藏（图 3-1-24）。设置参数（图 3-1-25）。将 VrayLight03 复制（图 3-1-26）。

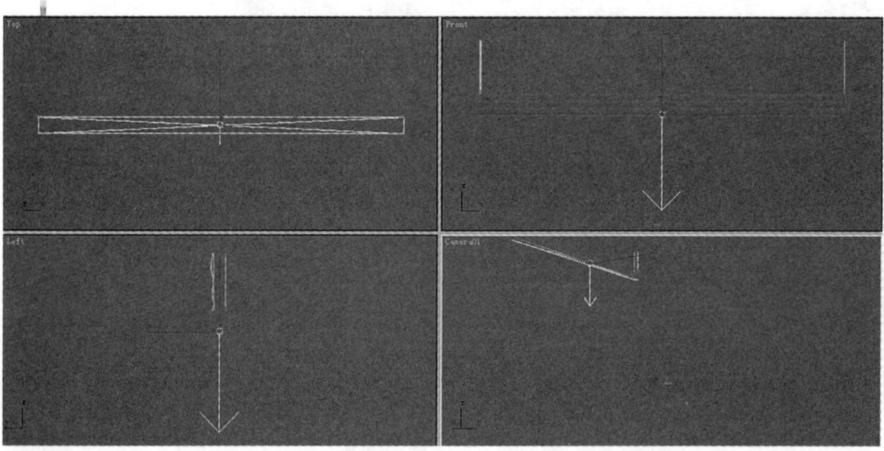

图 3-1-24

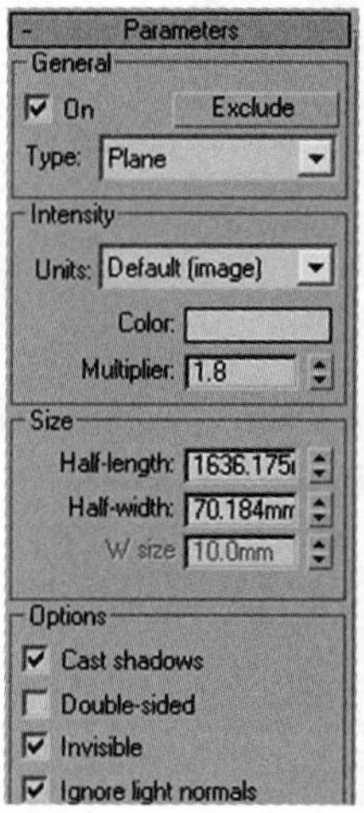

Parameters
General
On Exclude
Type: Plane
Intensity
Units: Default (image)
Color:
Multiplier: 1.8
Size
Half-length: 1636.175
Half-width: 70.184mm
W size 10.0mm
Options
Cast shadows
Double-sided
Invisible
Ignore light normals

图 3-1-25

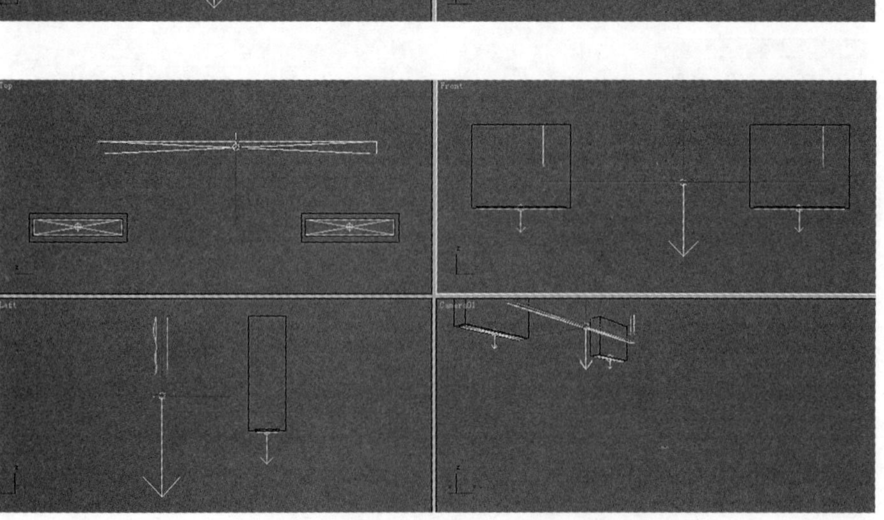

图 3-1-26

（6）灯光布置基本完成。配套操作文件 / 咖啡厅 / 场景 – 灯光 .max 文件。

3.3.2 场景渲染

（1）将场景中隐藏的全部显示出来。点击，出现渲染对话框，设置参数（图 3–1–27 ~ 图 3–1–30）。点击 Render，渲染出来以后，点击，将文件保存。

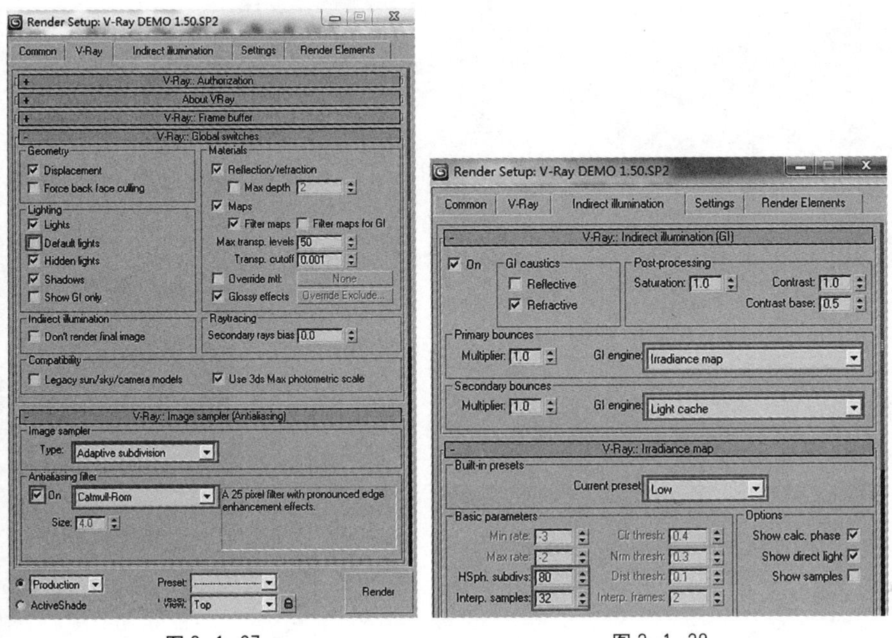

图 3–1–27　　　　图 3–1–28

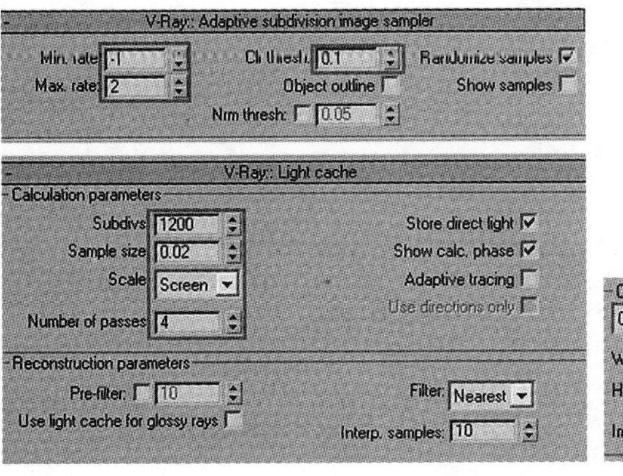

图 3–1–29

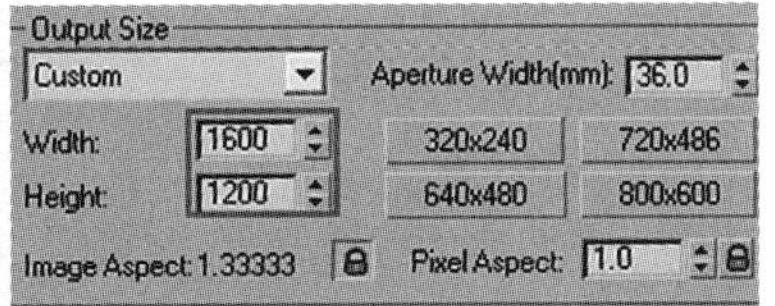

图 3–1–30

（2）在 Photoshop 软件里进行必要的调整，最终效果如图 3–1–31 所示。

图 3–1–31

【思考题和练习题】

1. 如何从材质库获取材质？如何从场景中获取材质？
2. 在材质编辑器中同时可以编辑多少种材质？
3. 如何建立自己的材质库？

4 模块 4　办公空间

【知识点】导入 AutoCAD 文件、基本建模、工具栏中的工具、合并命令、修改命令，VRay 材质编辑，相机设置，VRay 渲染器。

【学习目标】通过会议室效果图的制作，使学生掌握 3ds max 软件。学习导入 AutoCAD 文件、模型合并、模型调整、材质编辑、相机设置、场景渲染等软件操作技术。

学习情境　会议室

1　学习目标

（1）熟悉导入 AutoCAD 文件。

（2）掌握空间建模。

（3）能够进行 VRay 材质编辑。

（4）能够进行合理的灯光设置。

（5）理解相关渲染参数，掌握渲染流程。

2　相关知识

设计方案，模型合并，材质编辑，光源设置，场景渲染。

3　项目单元

3.1　会议室建模

3.1.1　导入 Autocad 文件

（1）按照平面图建模是现阶段比较流行的建模方式，按平面图建模可以既精准又快速。在 3ds max 中选择在 自定义(U) → 单位设置(U)... ，如图 4–1–1 所示。

（2）在 3ds max 中选择文件菜单下的“导入”命令，选择“配套操作文件／会议室／会议室 .dwg”文件，然后单击“打开”按钮，如图 4–1–2 所示。

（3）3ds max 导入 DWG 文件时的对话框如图 4–1–3 所示。

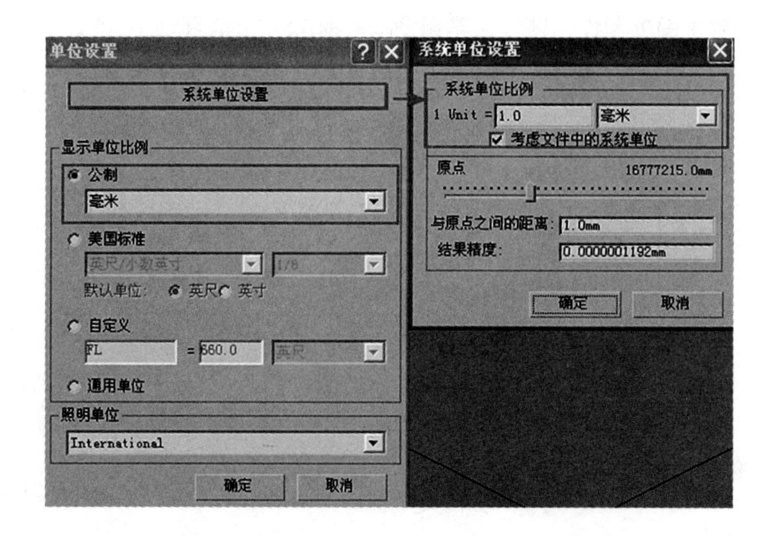

图 4–1–1

选择要导入的文件

查找范围(I): 资料

会议室

文件名(N):

打开(O)

文件类型(T): 原有 AutoCAD (*.DWG)

取消

图 4-1-2

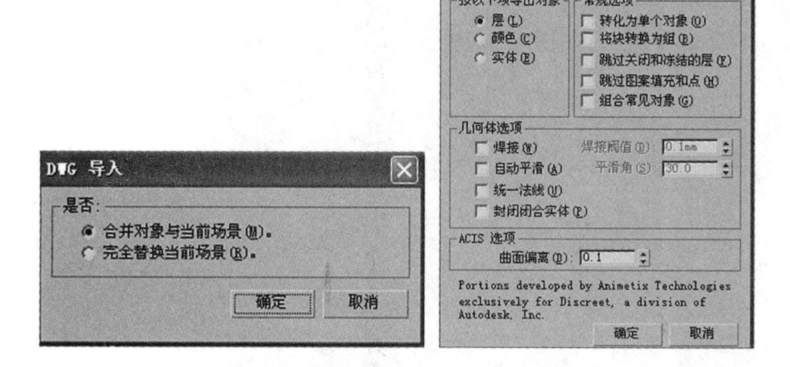

图 4-1-3

(4) 单击“确定”按钮，把 DWG 格式的图纸导入 3ds max 中，如图 4-1-4 所示。

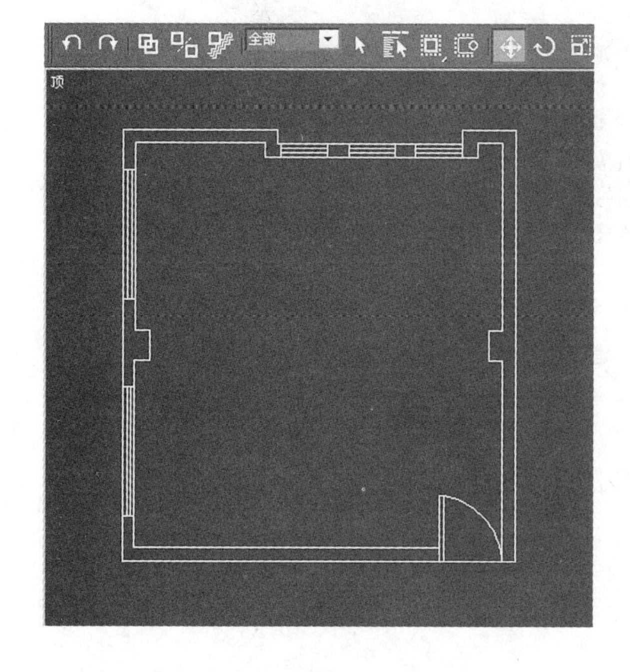

图 4-1-4

3.1.2　创建墙体、地面、顶面和窗户主体框架

（1）选择所有的平面图，单击鼠标右键，单击冻结当前选择冻结所有导入的平面图。确定在顶视图中，选择控制面板中的，点击 线 按钮，二维捕捉到冻结的图的顶点和端点（图 4–1–5、图 4–1–6）。描出墙体的轮廓，闭合样条线时弹出“是否闭合样条线”对话框，选“是”，封闭样条线。分别创建墙体，如图 4–1–7 所示，然后全选，在修改器列表面板中选择“挤出”命令，挤出高度 3000mm 的空间高度，并起名字叫墙，如图 4–1–8 所示。

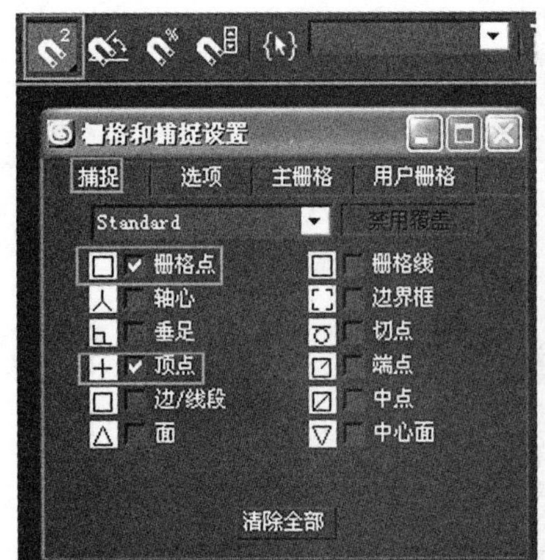

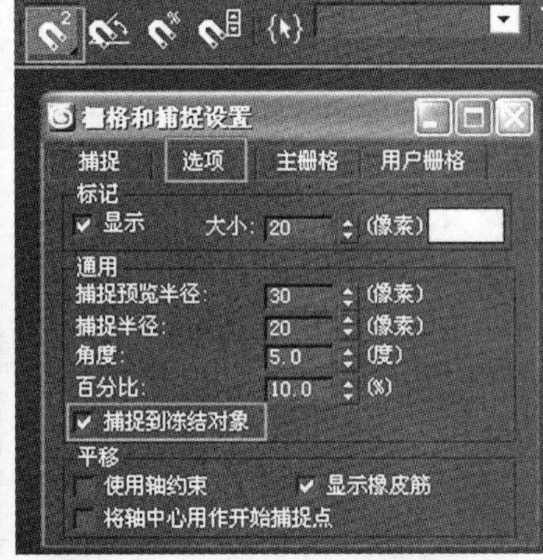

图 4–1–5（左）
图 4–1–6（右）

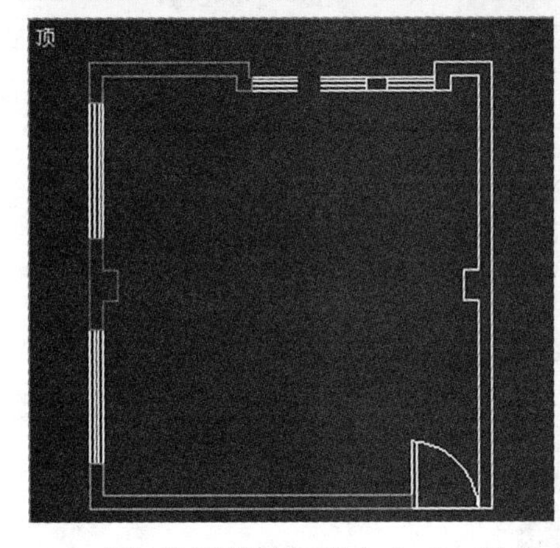

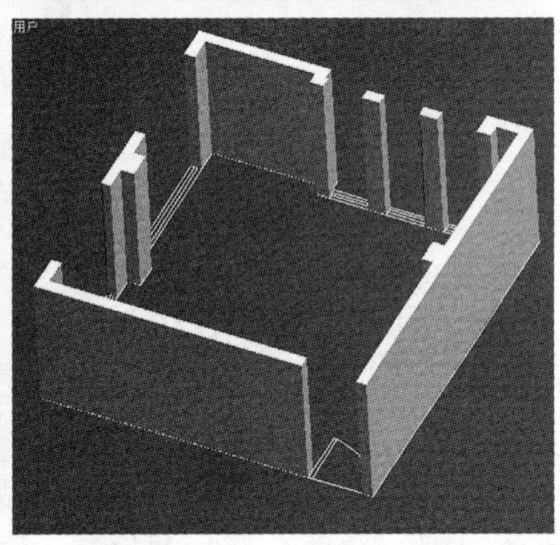

图 4–1–7（左）
图 4–1–8（右）

（2）设置捕捉如图 4–1–9、图 4–1–10 所示。

（3）用前面的方法描出窗台样条线，并挤出 900mm 高（图 4–1–11）。

（4）选中窗台部分按住 Shift 键复制一组修改高度为 100mm，选移动到上部作为窗户的上沿口，如图 4–1–12 所示。

（5）用前面的方法描出地面线，选中刚才描绘出来多段线在修改器列表面板中选择“挤出”命令，挤出高度 –100mm 的空间高度，如图 4–1–13 所示。

（6）选中地面按住 Shift 键复制一个修改高度为 100mm，选移动到最上部作为顶盖（图 4–1–14）。

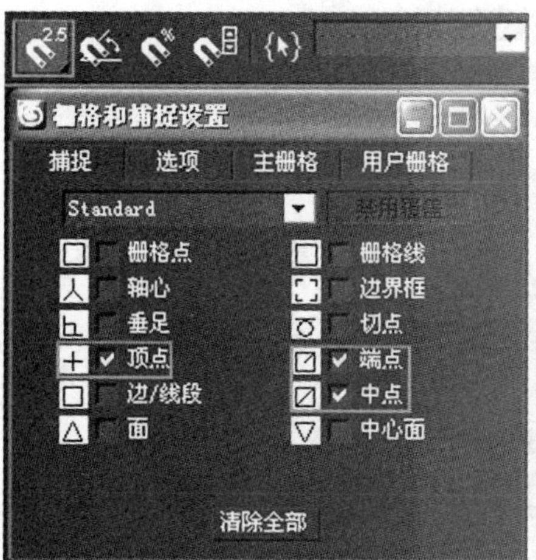

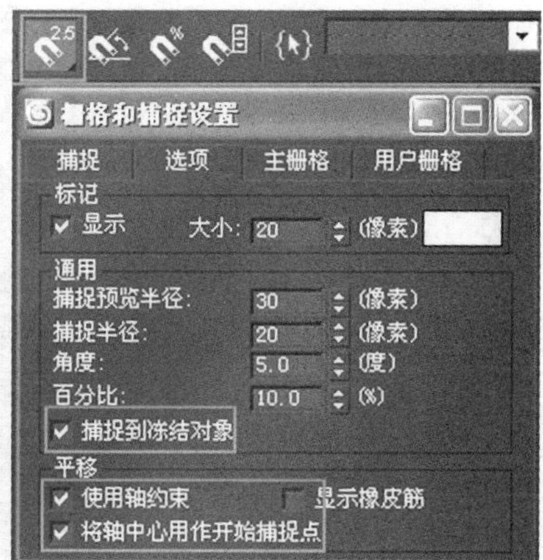

图 4–1–9（左）
图 4–1–10（右）

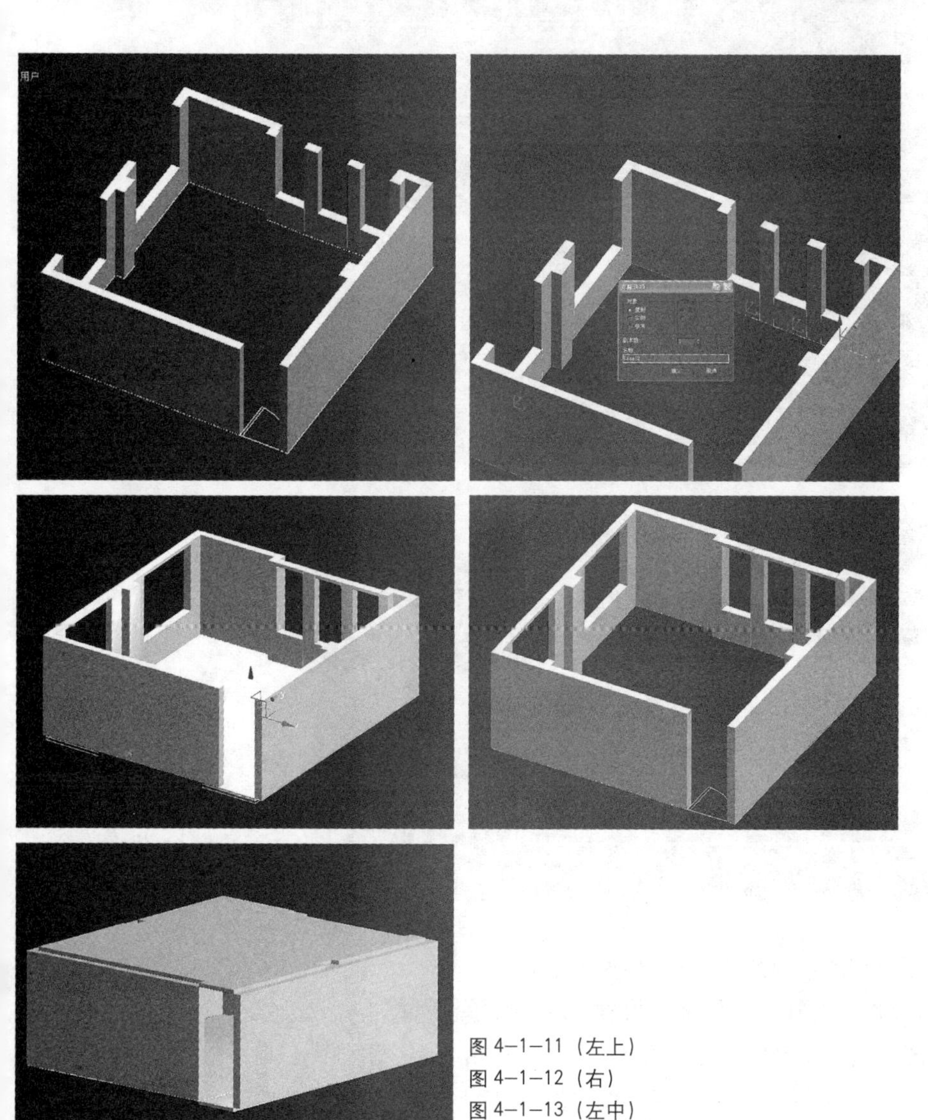

图 4–1–11（左上）
图 4–1–12（右）
图 4–1–13（左中）
图 4–1–14（左下）

(7) 在顶视图中加一部目标摄像机，将摄像机设置成镜头: 22.0，在工具条上的移动工具上单击鼠标右键将偏移项目的 z 轴输入 1200，四视图效果如图 4–1–15 所示。

(8) 在 3ds max 中选择文件菜单下的“合并”命令，选择“配套操作文件／会议室／模型／窗框 .max”文件，然后单击“打开”按钮（图 4–1–16）。

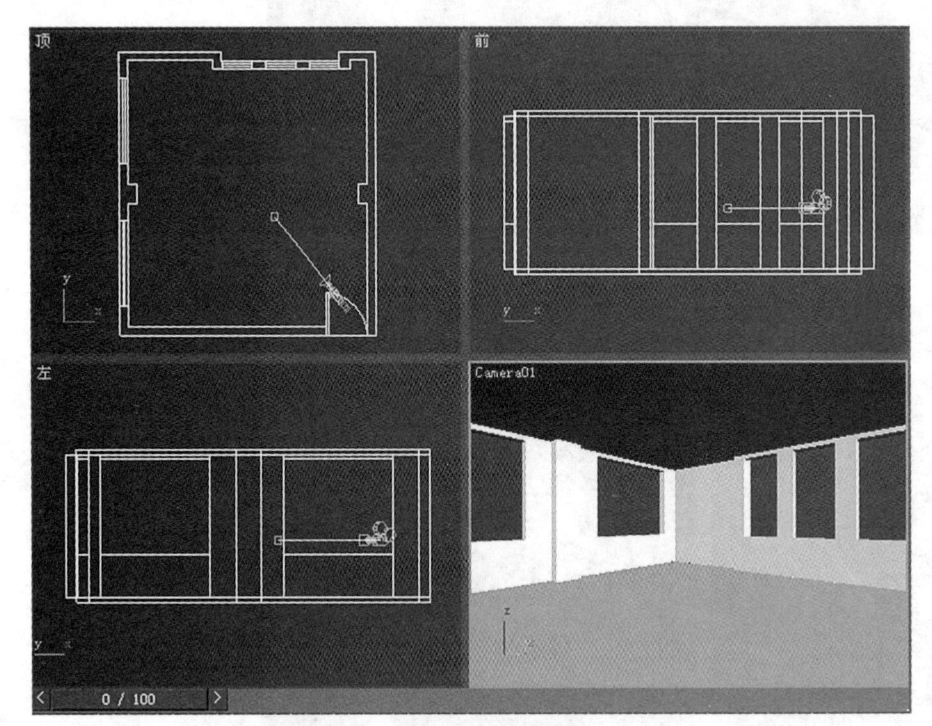

图 4–1–15

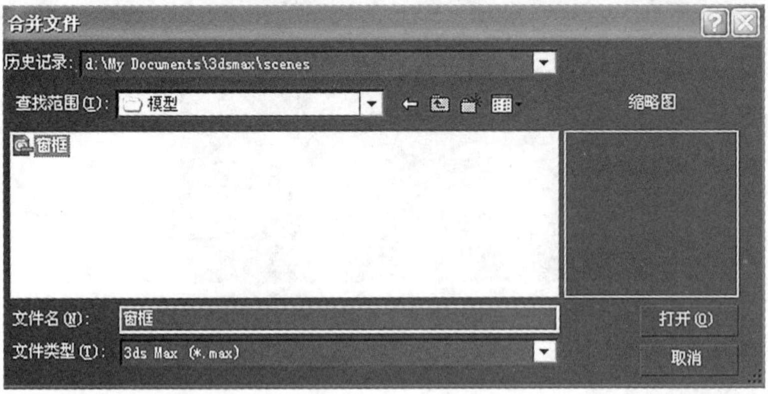

合并文件
历史记录: d:\My Documents\3dsmax\scenes
查找范围(I): 模型
缩略图
窗框
文件名(N): 窗框
文件类型(T): 3ds Max (*.max)
打开(O)
取消

图 4–1–16

(9) 合并窗框后得到的效果如图 4–1–17 所示。

(10) 切换到顶视图，选择控制面板中的▣，点击 线 按钮，二维捕捉到冻结的平面图的顶点和端点，描出墙体的轮廓，闭合样条线时弹出“是否闭合样条线”对话框，选“是”，封闭样条线，绘制顶棚，得到的效果如图 4–1–18 所示。

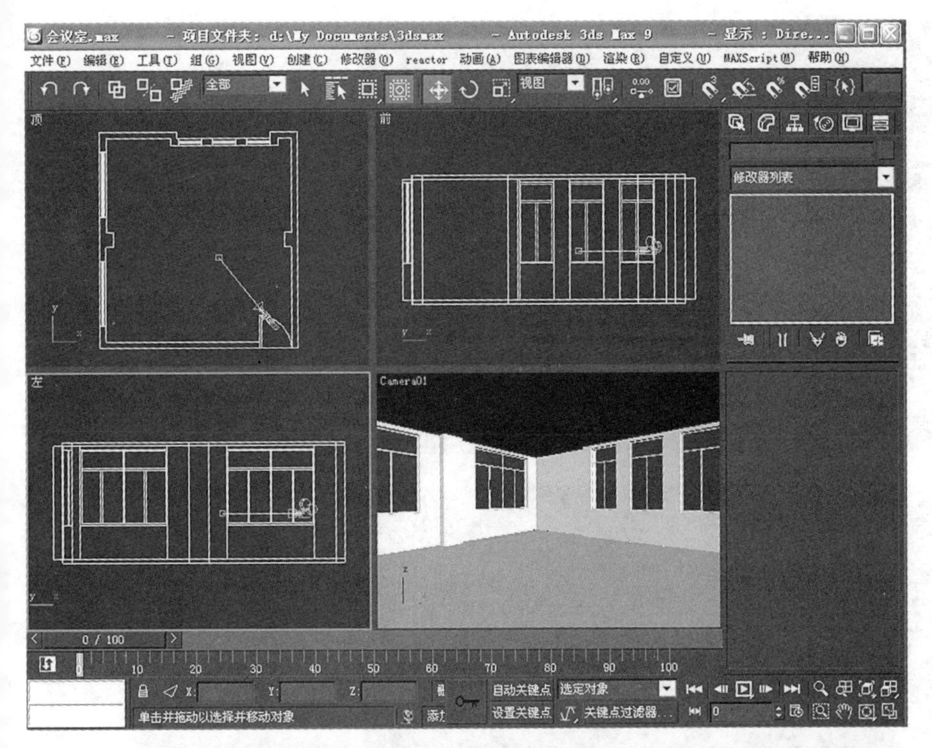

图 4–1–17

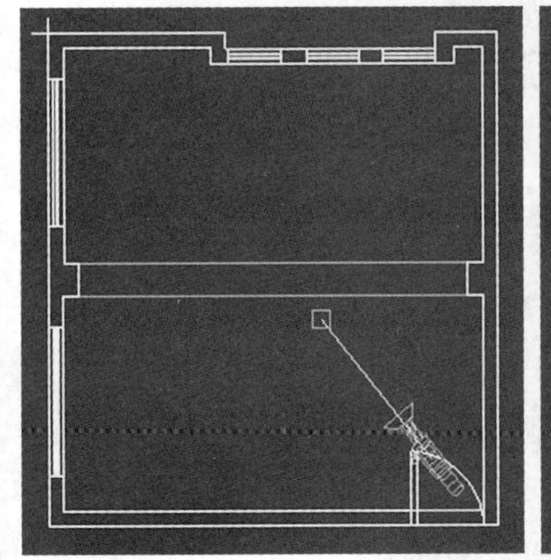

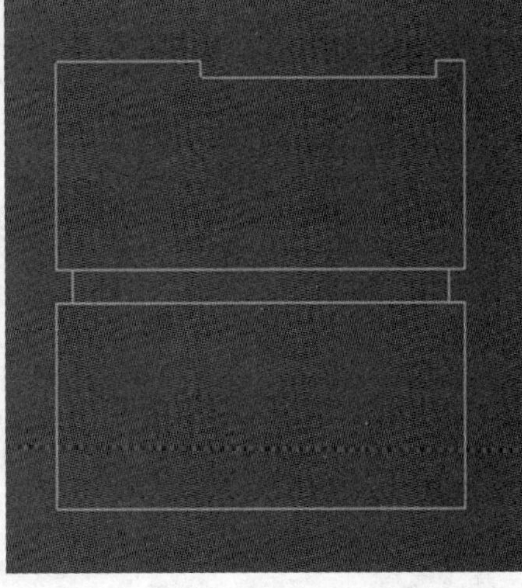

图 4–1–18

（11）利用绘制出的顶棚样条线做进一步的修改，选中上方的样条线，点控制面板中的，点击修改器列表下拉的顶点，选优化，二维捕捉到冻结的平面图的顶点和端点，在墙角处加点并对所加的点进行拉动修改，此时顶棚上部分得到的效果如图 4–1–19 所示。

（12）用同样的办法得到顶棚其他的效果，如图 4–1–20 所示。

（13）顶棚样条线修改好的整体效果如图 4–1–21 所示。

（14）全选刚才修改好的顶棚样条线，在修改器列表面板中选择“挤出”命令，挤出高度 100mm 的空间高度，移动顶面后四视图的整体效果如图 4–1–22 所示。

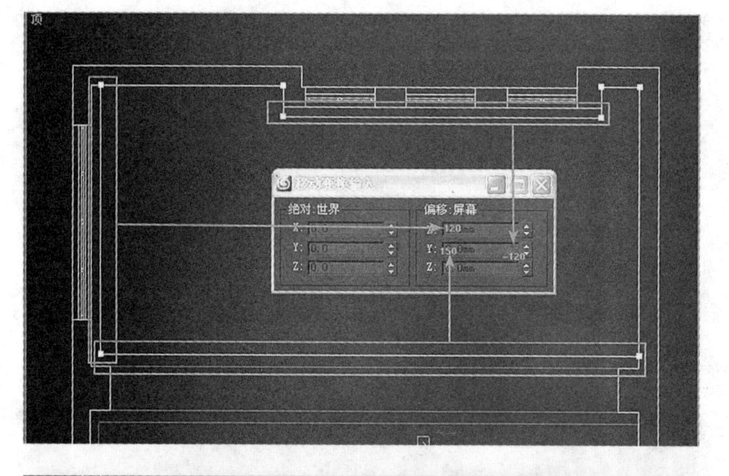

图 4-1-19

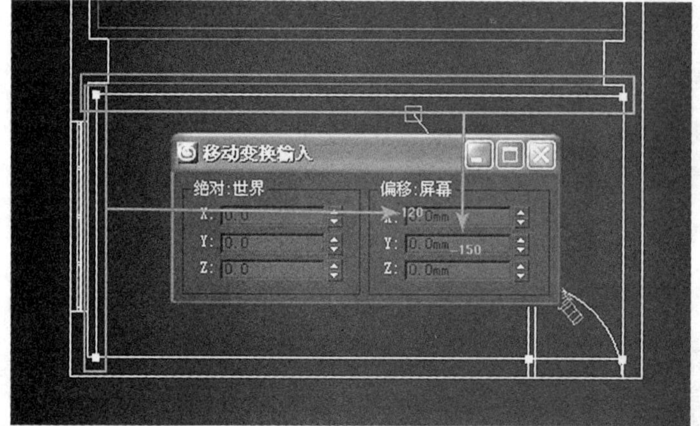

图 4-1-20

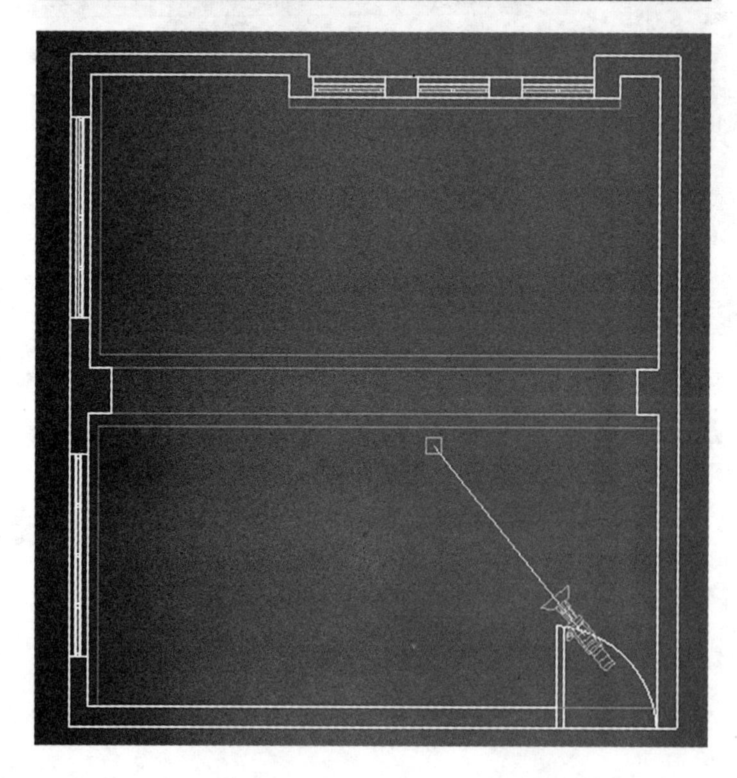

图 4-1-21

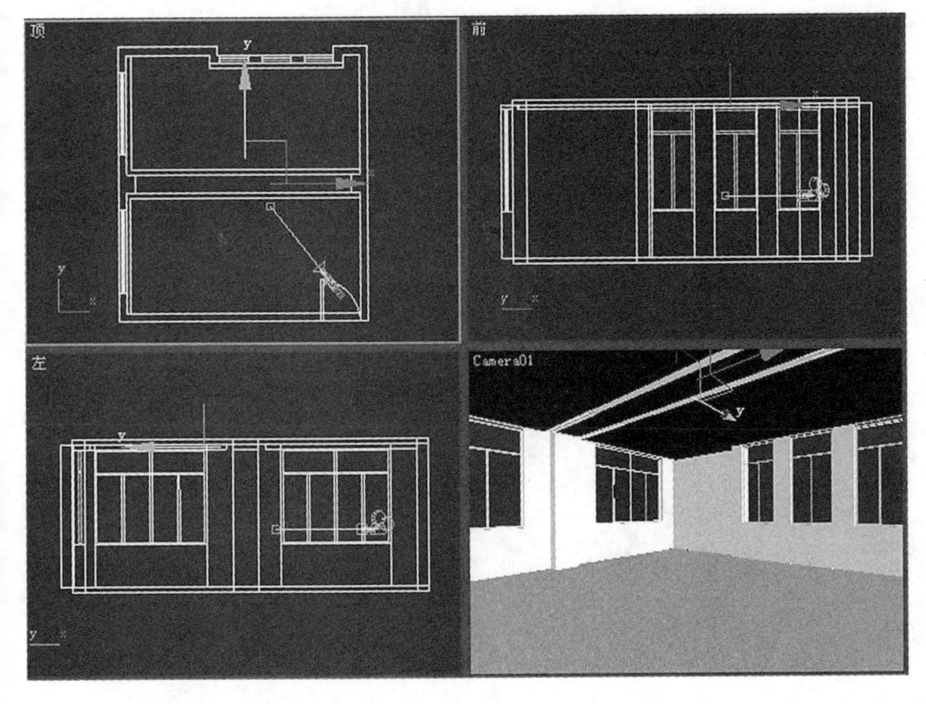

图 4–1–22

(15) 继续创建顶棚，在顶视图居中位置创建一个长方体，移动到顶部距顶面 100mm 高度，作为局部吊顶造型，参数设置如图 4–1–23 所示。

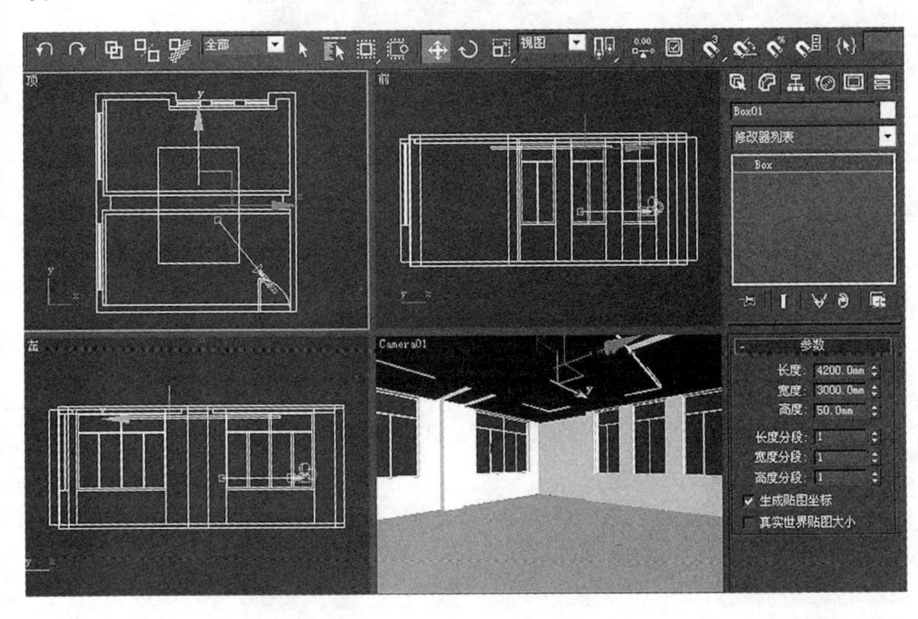

图 4–1–23

(16) 继续创建顶棚亚克力发光体造型，选择控制面板中的 在顶视图居中位置用 矩形 命令创建一个长 3000mm、宽 300mm 的矩形，在 修改器列表 选 编辑样条线，详细参数设置如图 4–1–24 所示。

(17) 选中刚才创建的亚克力发光体轮廓线样条线，在 修改器列表 面板中选择“挤出”命令，挤出高度 200mm 的空间高度，同时在内部画一个长方体作为发光片，移动顶面后四视图的整体效果如图 4–1–25 所示。

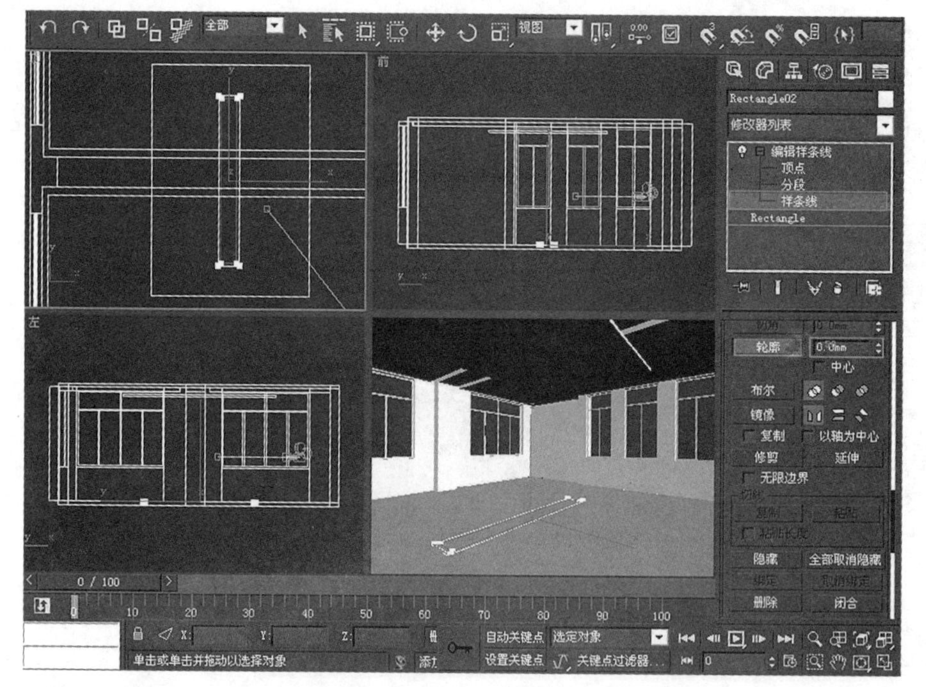

图 4—1—24

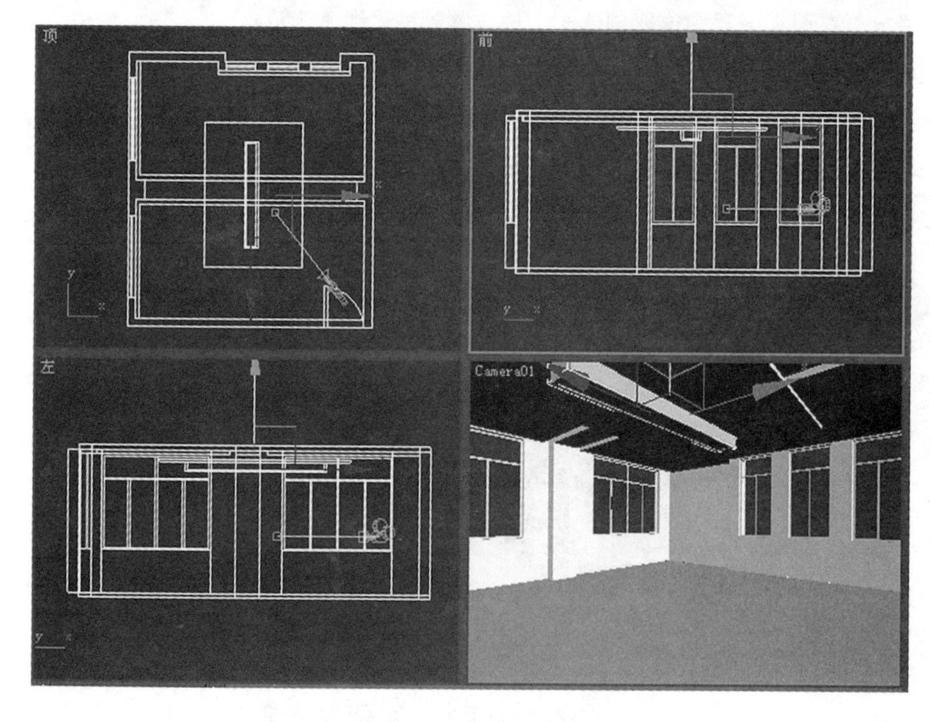

图 4—1—25

3.1.3 创建踢脚线、窗帘、窗纱，合并门造型

（1）创建踢脚线，在顶视图中，选择控制面板中的，点击线按钮，二维捕捉到冻结的平面图的顶点和端点，描出墙体的轮廓，在修改器列表面板中选择编辑样条线选轮廓，输入“–20”数值（图 4—1—26）。在修改器列表面板中选择“挤出”命令，挤出高度 80mm 的

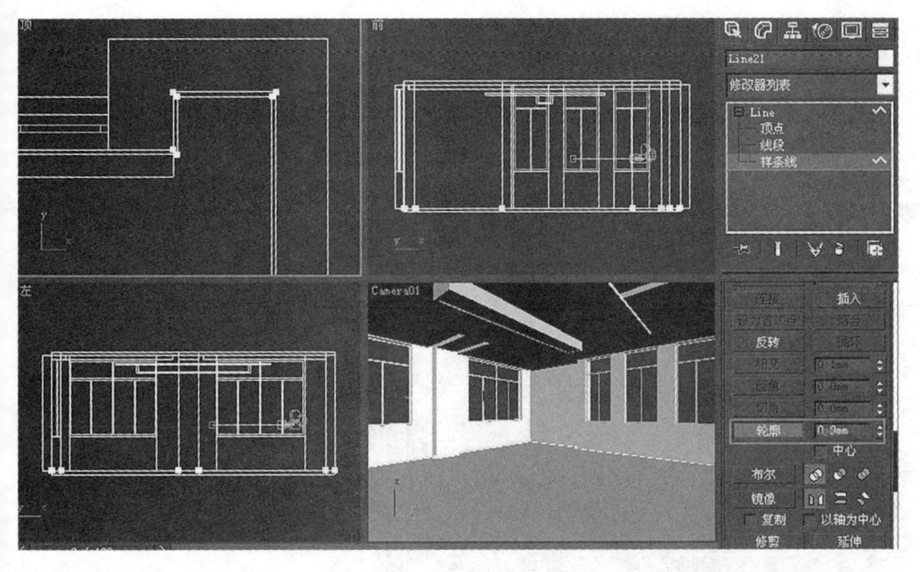

图 4–1–26

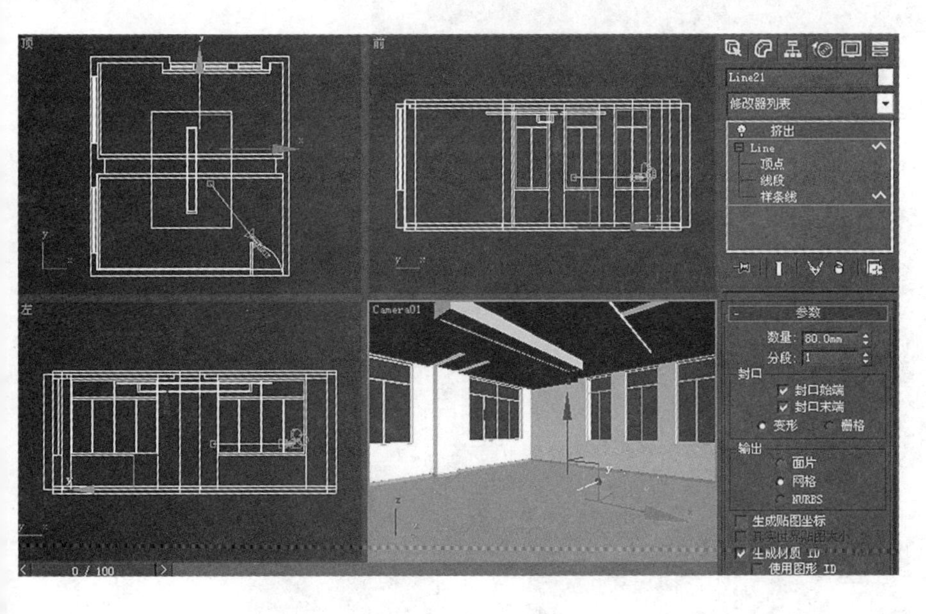

图 4–1–27

空间高度，详细参数设置如图 4–1–27 所示。

（2）创建窗帘、窗纱，在顶视图中，选择控制面板中的，点击 线 按钮，在顶视图窗帘盒的位置创建截面造型，在修改器列表面板中选择编辑样条线选 轮廓，输入“2”数值，图 4–1–28 所示为局部放大效果。在修改器列表面板中选择“挤出”命令，挤出高度 2900mm 的空间高度，用同样的方法创建所有窗户的窗帘、窗纱，并移动到合适的高度，四视图效果如图 4–1–29 所示。

（3）合并门，在 3ds max9 中选择文件菜单下的“合并”命令，选择“配套操作文件 / 会议室 / 模型 / 门 .max”文件，然后单击“打开”按钮，如图 4–1–30 所示。

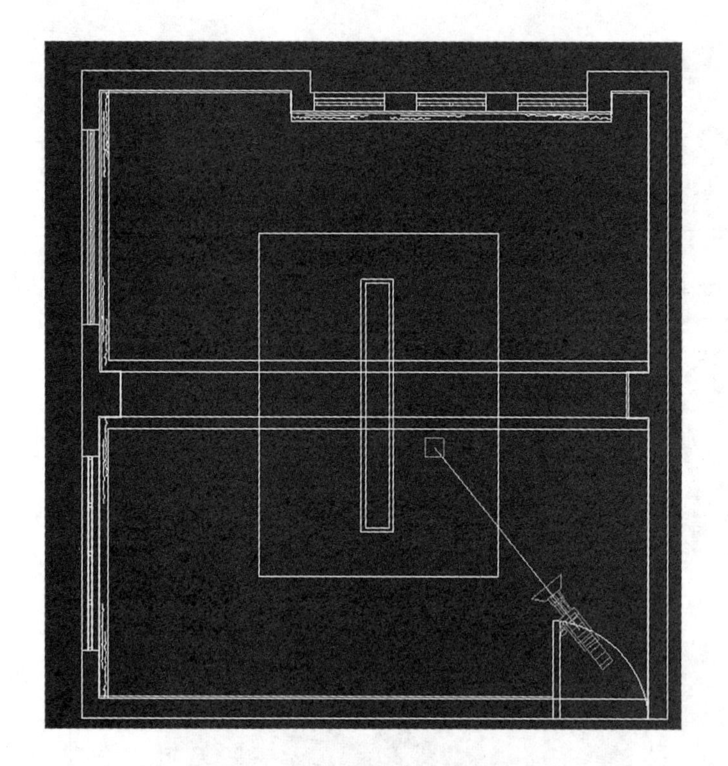

图 4–1–28

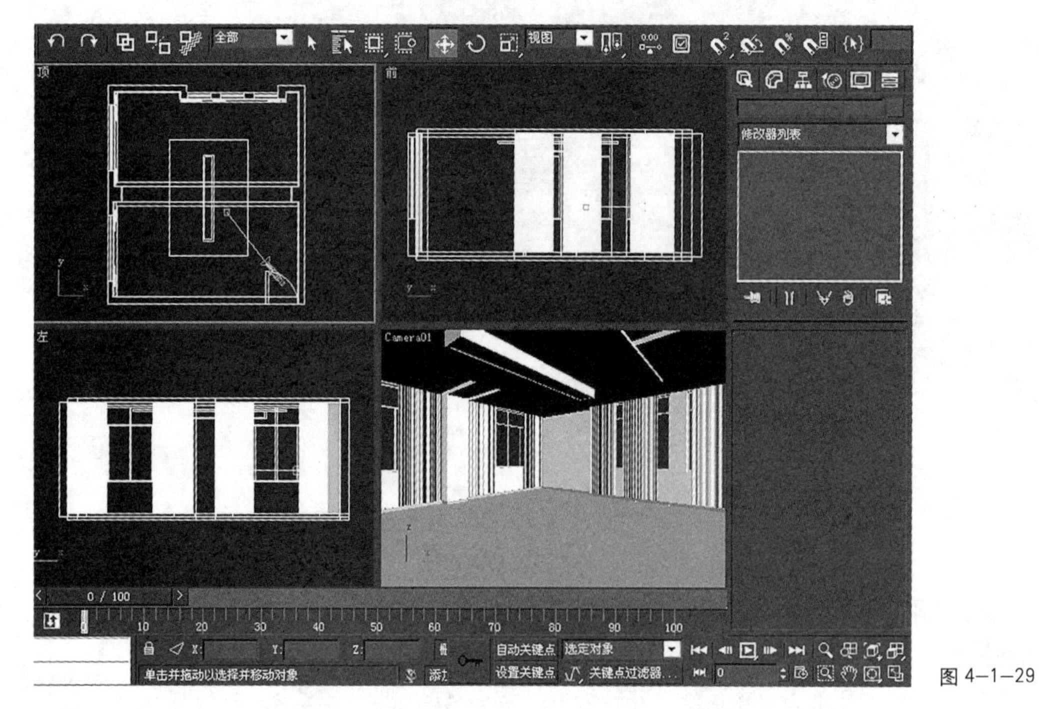

图 4–1–29

3.1.4　创建筒灯、挂画，合并会议桌椅

（1）在顶视图中分别用圆柱体、圆环创建筒灯发光片、筒灯壳，并移动到顶部的合适位置，详细参数设置如图 4–1–31、图 4–1–32 所示。

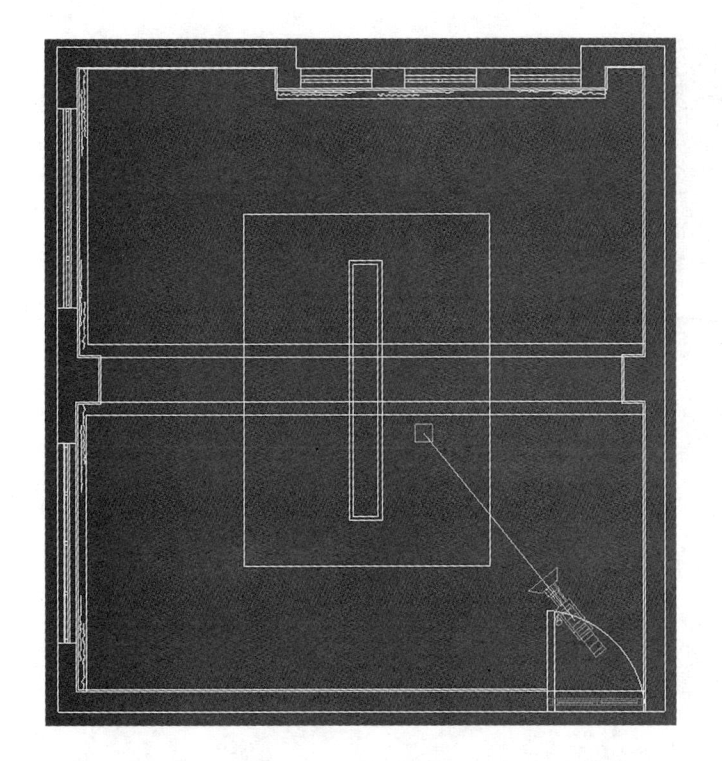

图 4-1-30

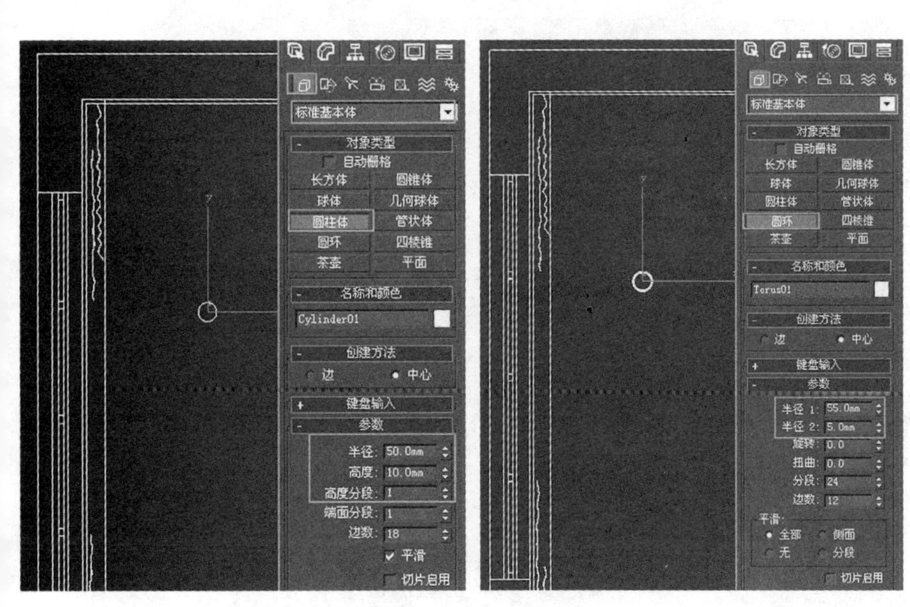

图 4-1-31（左）
图 4-1-32（右）

（2）所有的筒灯分布情况如图 4-1-33 所示。

（3）创建挂画画幅，选 ，勾选 ✔ 自动栅格 ，选 长方体 ，在透视图中所要挂画的位置创建一个长方体，设置所有参数（图 4-1-34）。

（4）创建挂画画框，在前视图打开三维捕捉，用绘制矩形命令捕捉长方体绘制一矩形，在 修改器列表 面板中选择 编辑样条线 选 轮廓 ，输入“-20”数值，在 修改器列表 面板中选择“挤出”命令，挤出高度 20mm 的空间高度，

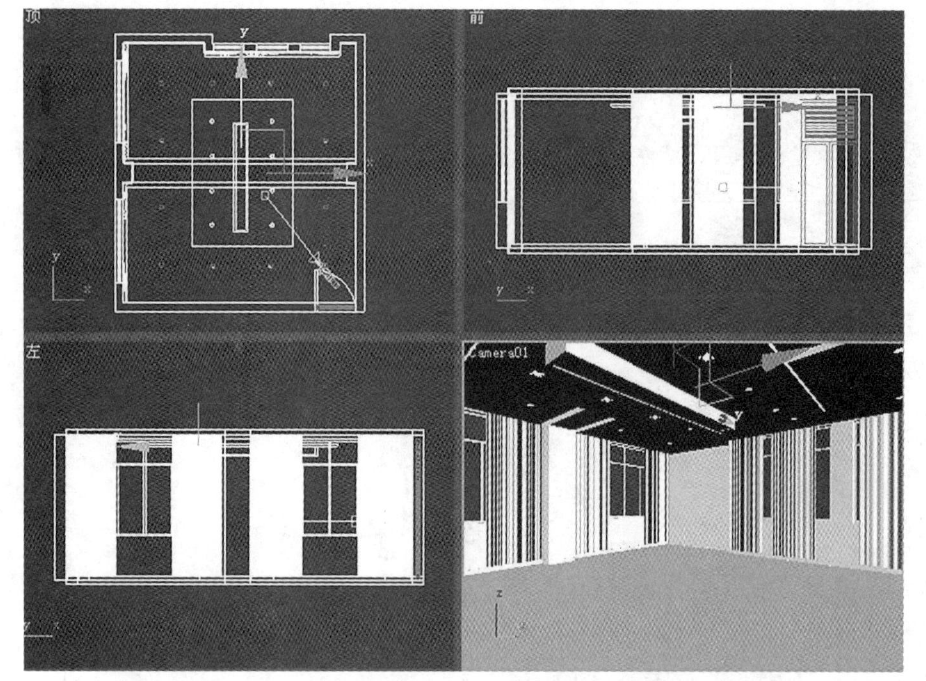

图 4-1-33

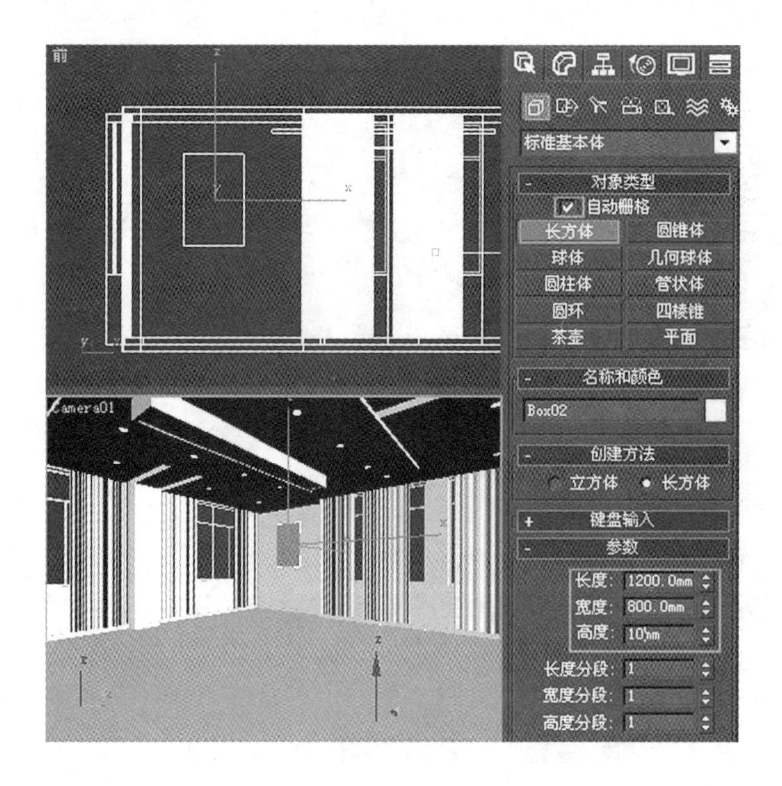

图 4-1-34

将画幅调整到画框的合适位置，设置后效果如图 4-1-35 所示。

(5) 空间建模完成效果如图 4-1-36 所示。

(6)合并会议桌椅，在 3ds max 中选择文件菜单下的"合并"命令，选择"配

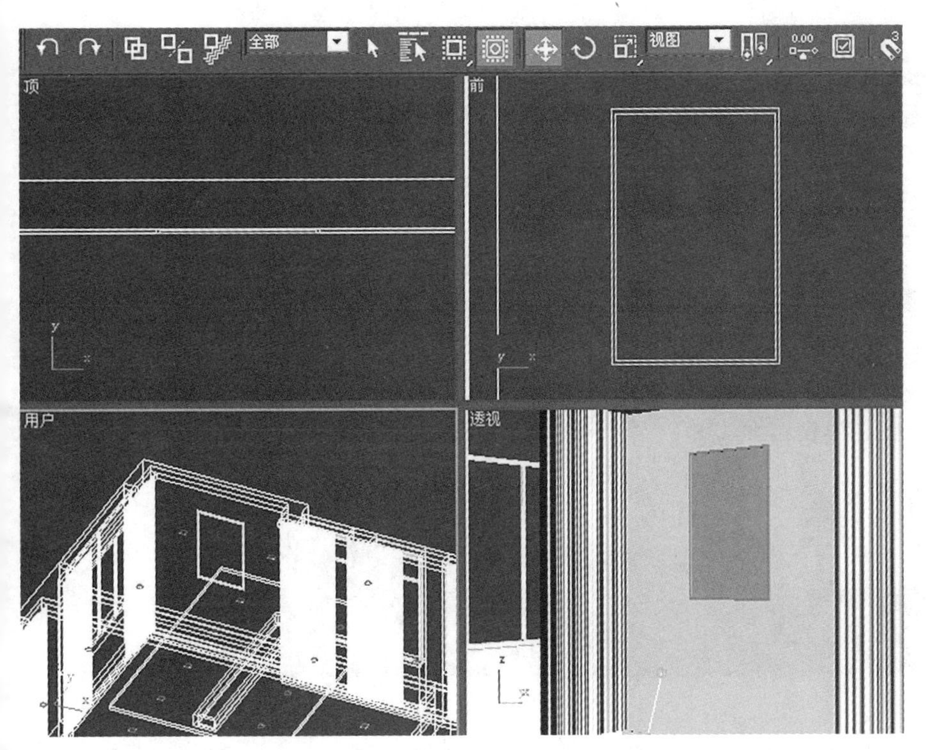

图 4–1–35

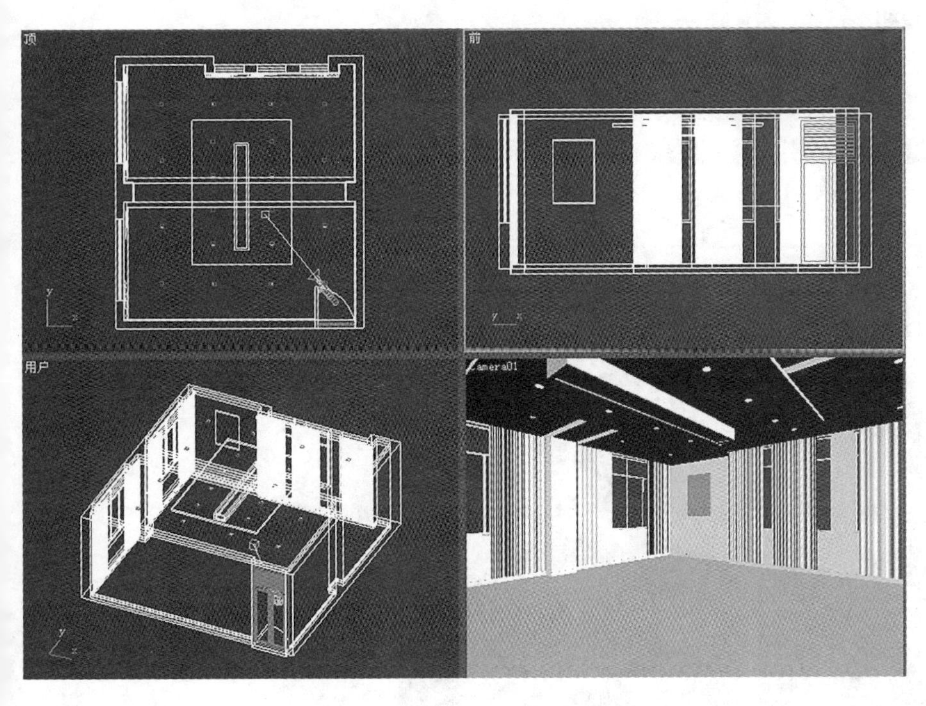

图 4–1–36

套操作文件 / 会议室 / 模型 / 会议桌椅组合 .max” 文件，然后单击 “打开” 按钮，合并会议桌椅组合模型后效果如图 4–1–37 所示。至此场景模型完成，将模型保存为会议室 / 模型 / 会议室 – 合并桌椅 .max。

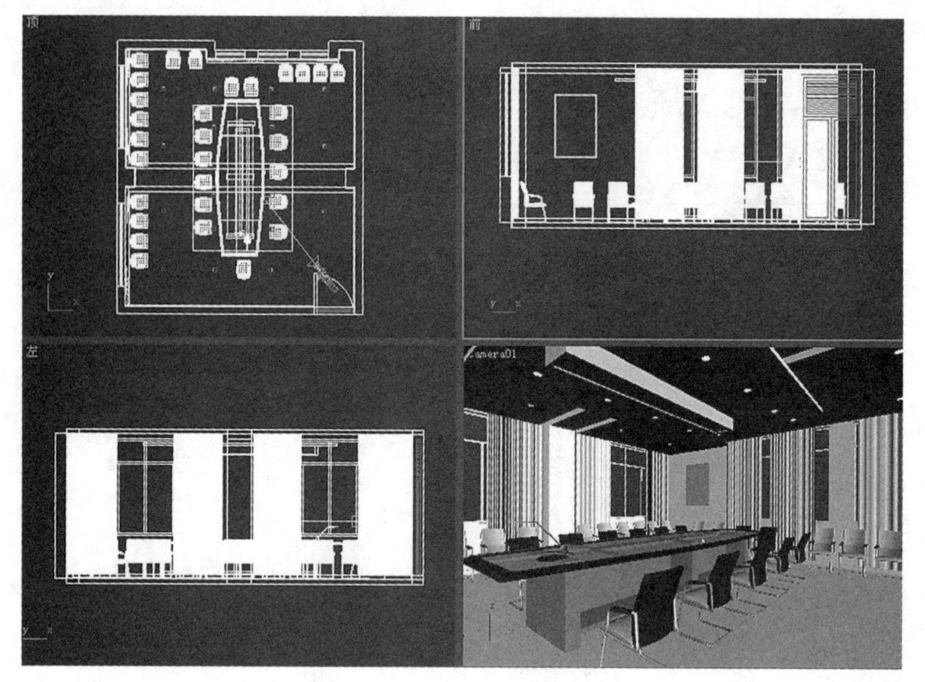

图 4-1-37

3.2 材质编辑

3.2.1 场景材质编辑

（1）设置渲染器为 V-Ray Adv 1.5 RC3，点菜单渲染(R)，弹出渲染场景：默认扫描线渲染器对话框，选择公用，点产品级 默认扫描线渲染器中的...，弹出选择渲染器对话框，选择V-Ray Adv 1.5 RC3，点确定，关闭渲染器设置，完成渲染器的设置，详细参数设置如图 4-1-38 所示。

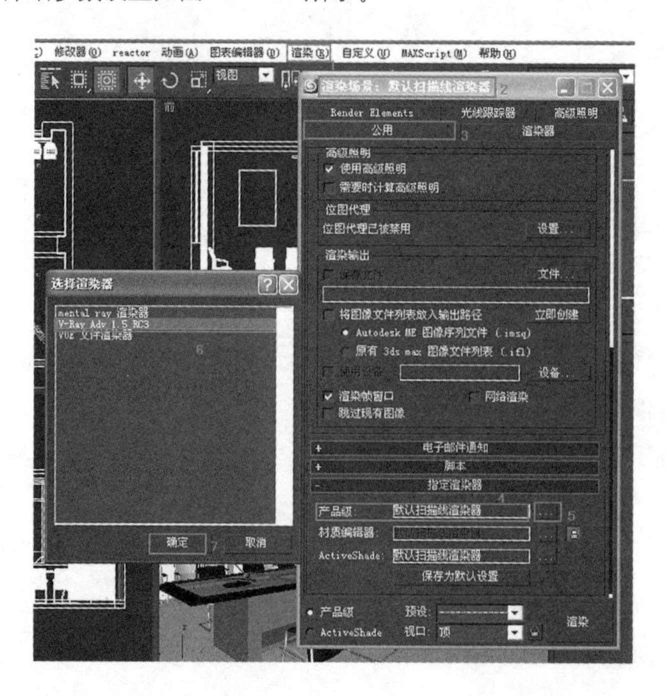

图 4-1-38

(2) 给墙与顶棚附材质，打开“配套操作文件/会议室/模型/会议室-合并桌椅.max”文件，选中所有需要赋给相同材质的墙体与顶棚，按Alt+Q，孤立墙体与顶棚（图4-1-39），按快捷键M键打开材质编辑器，在材质编辑器中新建一个VRayMtl，并起名字为“白色乳胶漆墙”，设置墙参数（图4-1-40）。点赋给墙与顶棚，退出孤立模式。

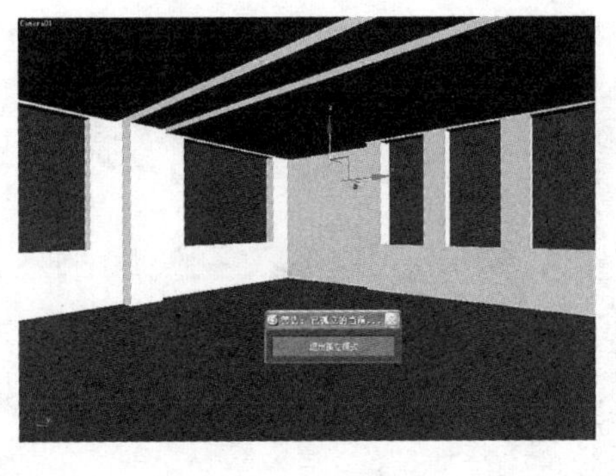

图4-1-39

图4-1-40

(3) 给窗帘附材质，选中所有需要赋给相同材质的窗帘，按Alt+Q，孤立窗帘（图4-1-41），按快捷键M键打开材质编辑器，在材质编辑器中新建一个VRayMtl，并起名字为“窗帘布”（材质保存在配套操作文件/会议室/贴图中，此后选择均相同），设置窗帘布参数如图4-1-42所示。点赋给窗帘。

(4) 给窗纱附材质，选中所有需要赋给相同材质的窗纱，按Alt+Q，孤立窗纱（图4-1-43），按快捷键M键打开材质编辑器，在材质编辑器中新建一个VRayMtl，并起名字为“窗纱”，设置窗纱参数（图4-1-44）。点赋给窗纱。

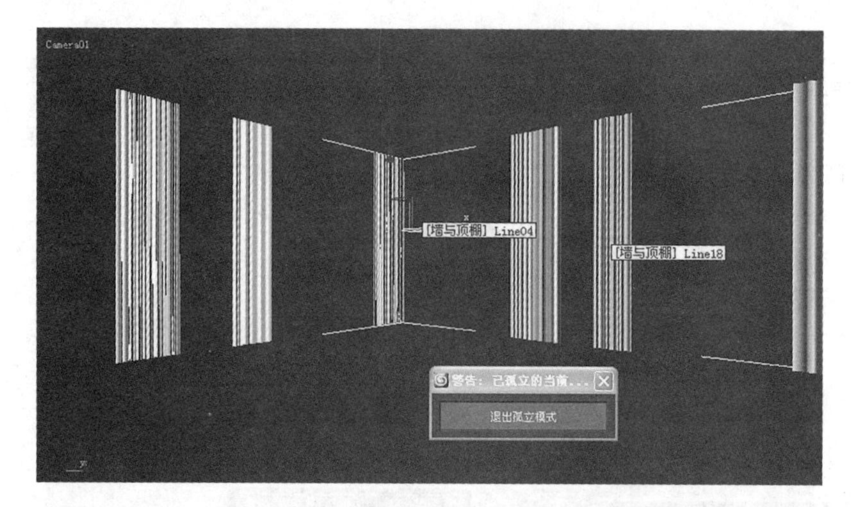

图 4-1-41

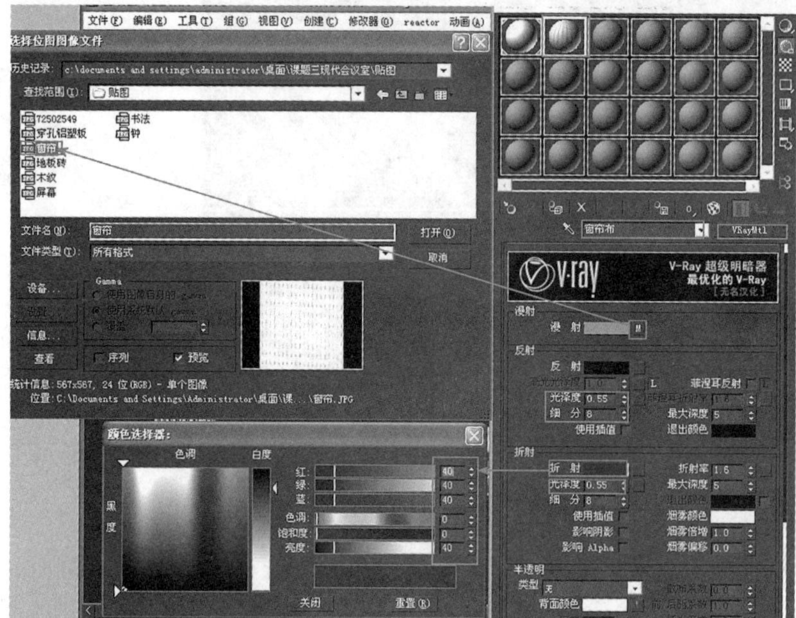

图 4-1-42

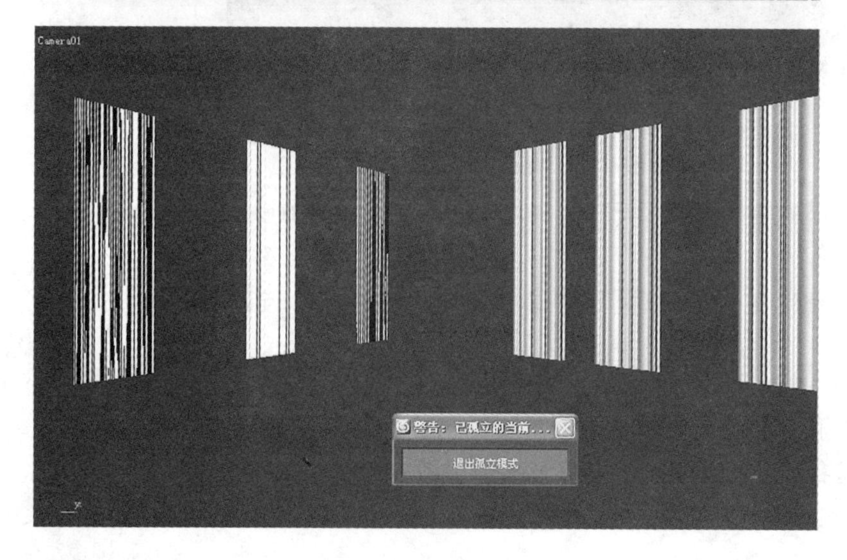

图 4-1-43

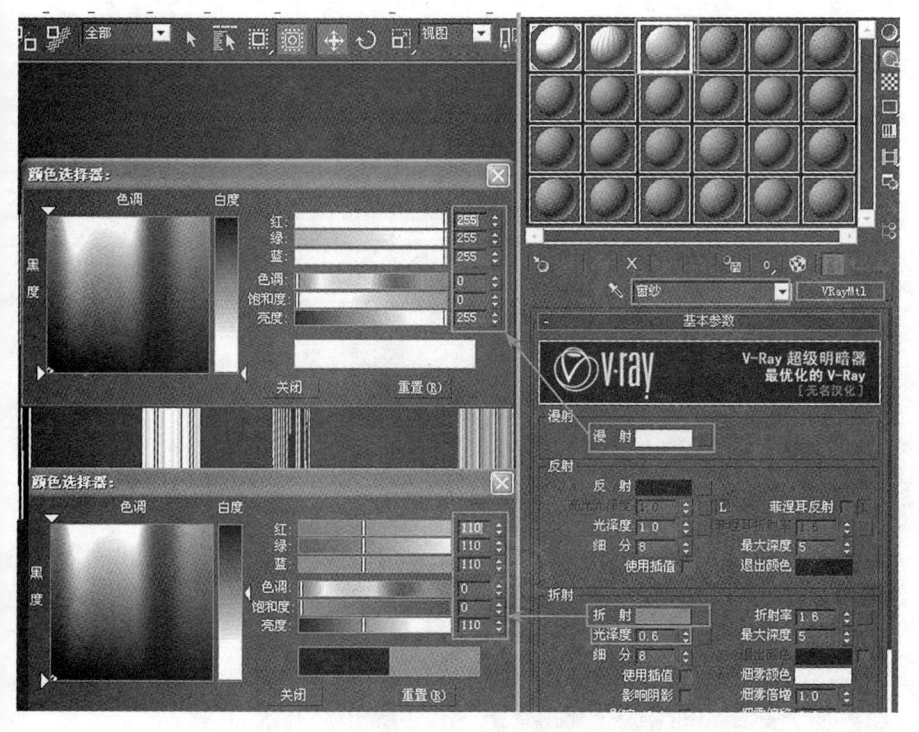

图 4-1-44

（5）给挂画附材质，选中画幅，按 Alt+Q，孤立画幅（图 4-1-45），按快捷键 M 键打开材质编辑器，在材质编辑器中新建一个 VRayMtl，并起名字为"画幅"，设置画幅参数（图 4-1-46）。点赋给画幅。

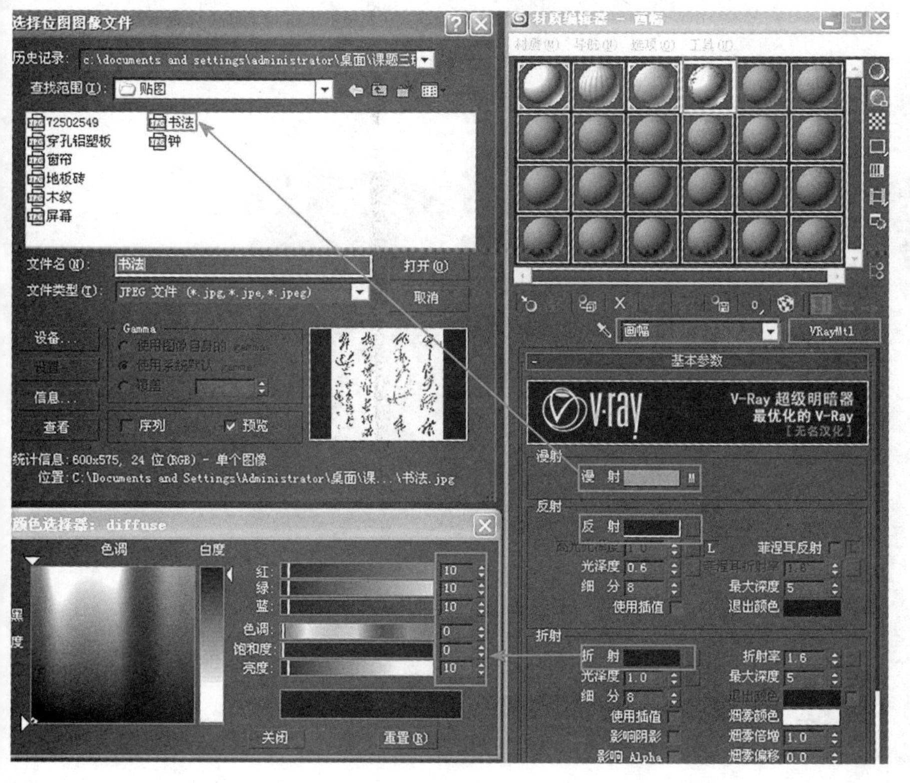

图 4-1-45

图 4-1-46

(6) 给画框附材质，选中画框，按 Alt+Q，孤立画框（图 4–1–47），按快捷键 M 键打开材质编辑器，在材质编辑器中新建一个 VRayMtl，并起名字为“不锈钢画框”，设置不锈钢画框参数（图 4–1–48）。点赋给画框。

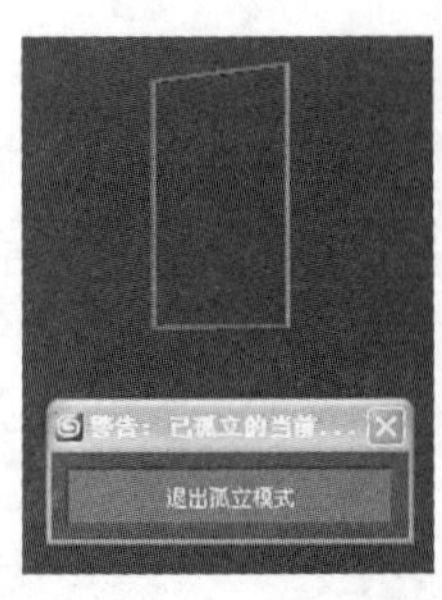

图 4–1–47

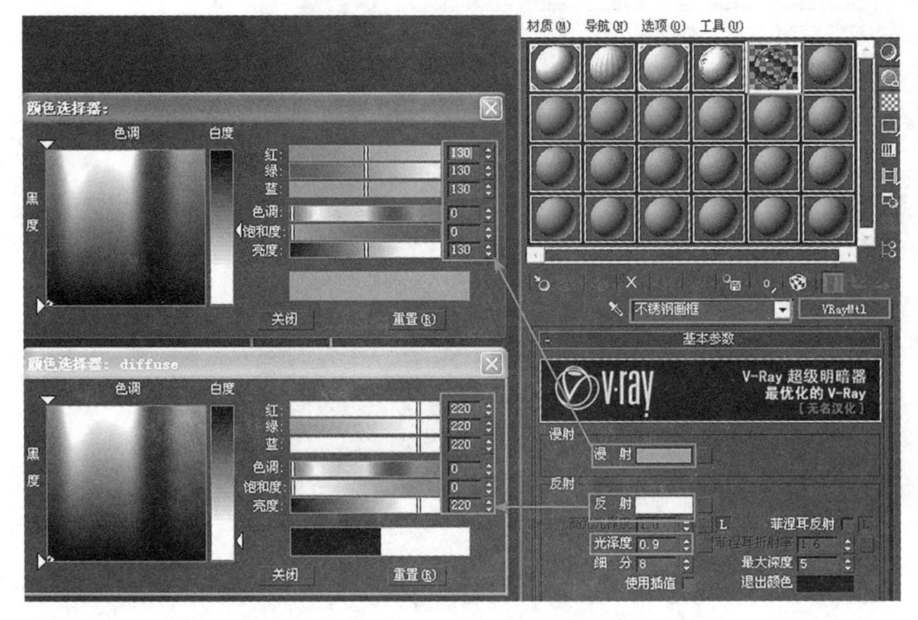

图 4–1–48

(7) 给穿孔铝塑板吊顶附材质，选中吊顶，按 Alt+Q，孤立吊顶（图 4–4–49），按快捷键 M 键打开材质编辑器，在材质编辑器中新建一个 VRayMtl，并起名字为“穿孔铝塑板吊顶”，设置穿孔铝塑板吊顶参数如图 4–1–50 所示。点赋给吊顶。

图 4–1–49

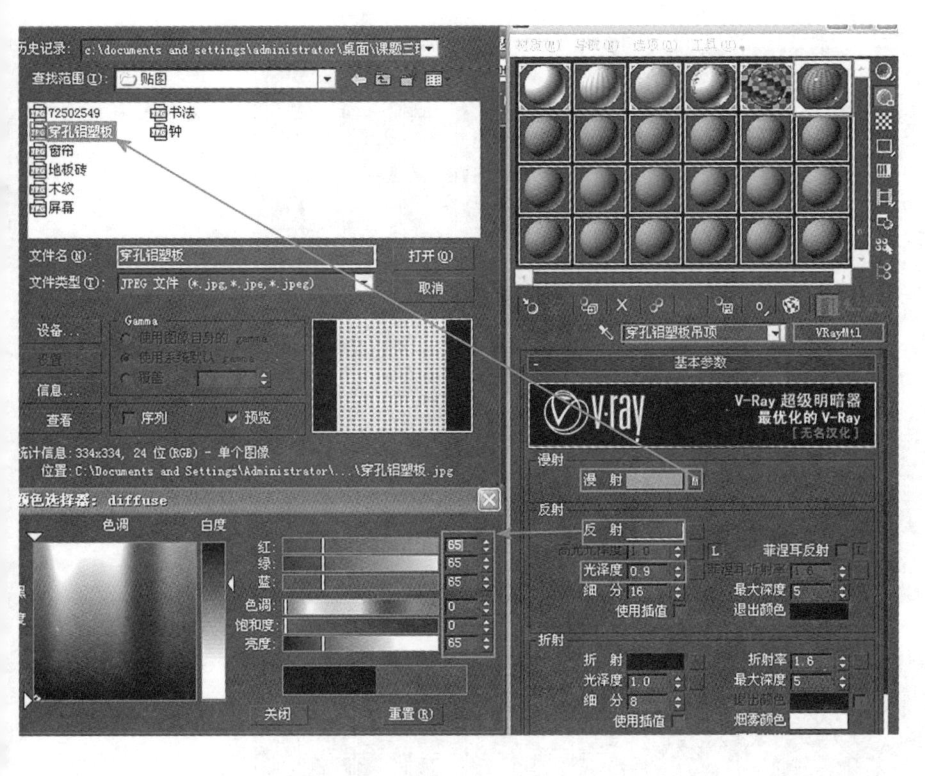

图 4-1-50

(8) 给长方体吊灯外壳附材质，选中吊灯外壳，按 Alt+Q，孤立吊顶外壳（图 4-1-51），按快捷键 M 键打开材质编辑器，在材质编辑器中新建一个 VRayMtl，并起名字为“吊灯外壳”，灰色哑光漆吊灯外壳的材质设置参数如图 4-1-52 所示。点赋给吊灯外壳。

(9) 给长方体吊灯亚克力发光片附材质，选中吊灯发光片，按 Alt+Q，孤立吊顶外壳，按快捷键 M 键打开材质编辑器，在材质编辑器中新建一个 VR灯光材质，并起名字为“白色发光片”，设置参数如图 4-1-53 所示。点赋给发光片。

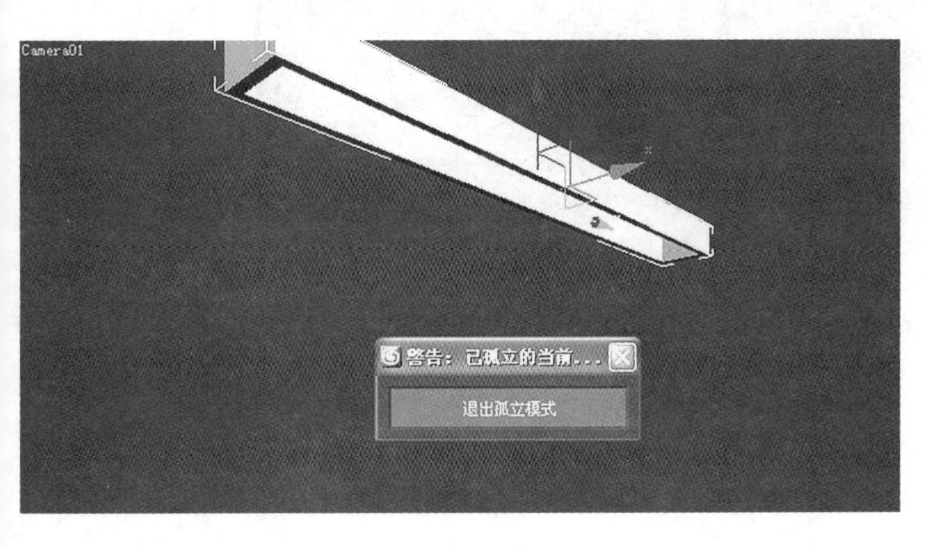

图 4-1-51

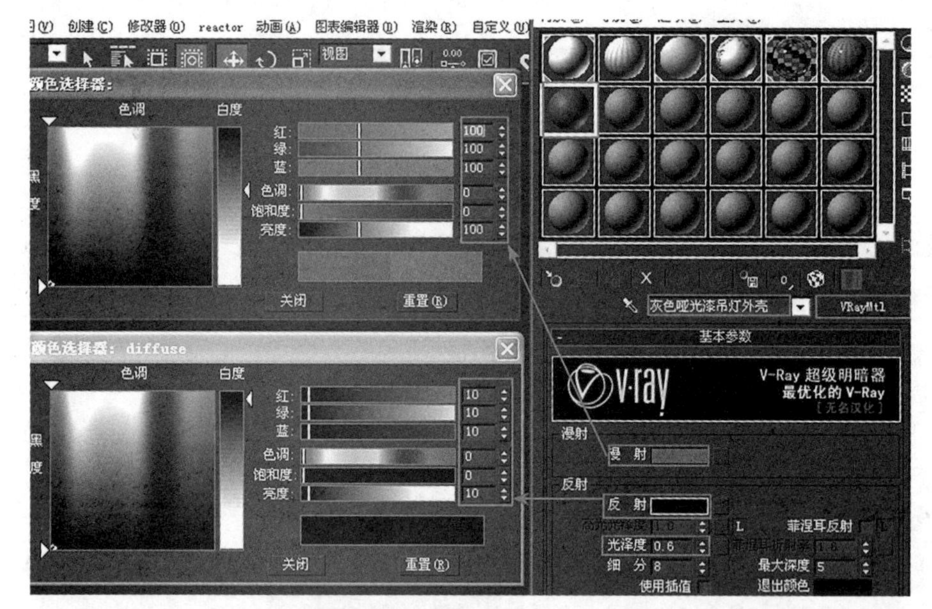

图 4–1–52

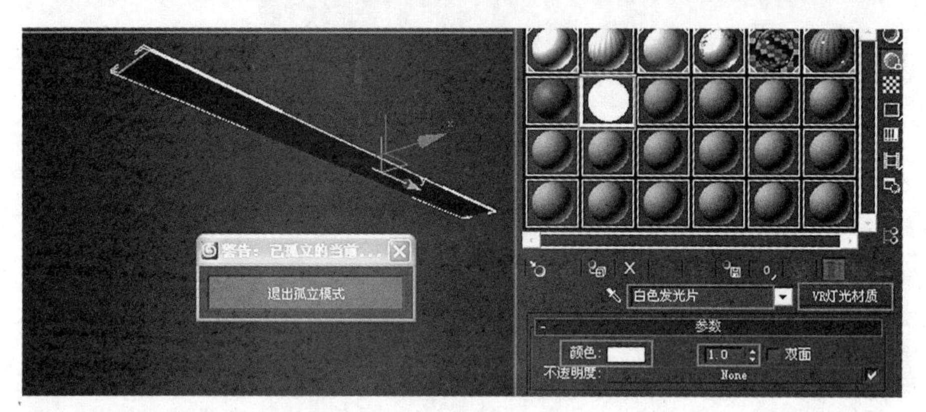

图 4–1–53

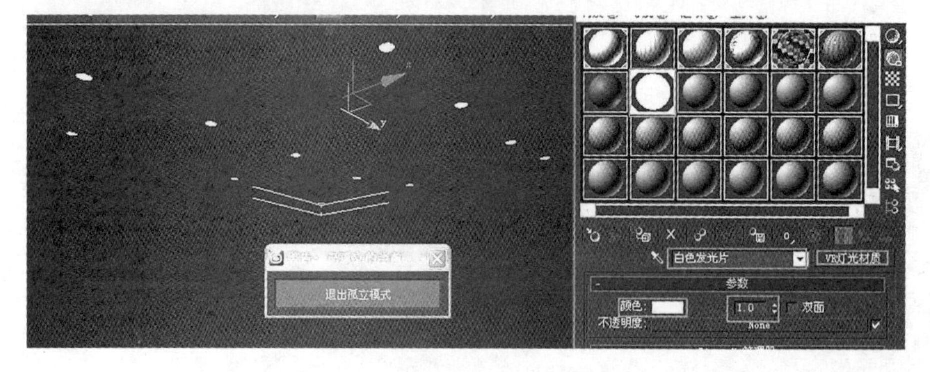

图 4–1–54

（10）按前面设置，将此灯光材质赋给所有的筒灯，如图 4–1–54 所示。

（11）按前面设置，将不锈钢材质赋给所有的筒灯外壳，如图 4–1–55 所示。

（12）给白色塑钢窗框附材质，选中窗框，按 Alt+Q，孤立窗框（图 4–1–56），按快捷键 M 键打开材质编辑器，在材质编辑器中新建一个

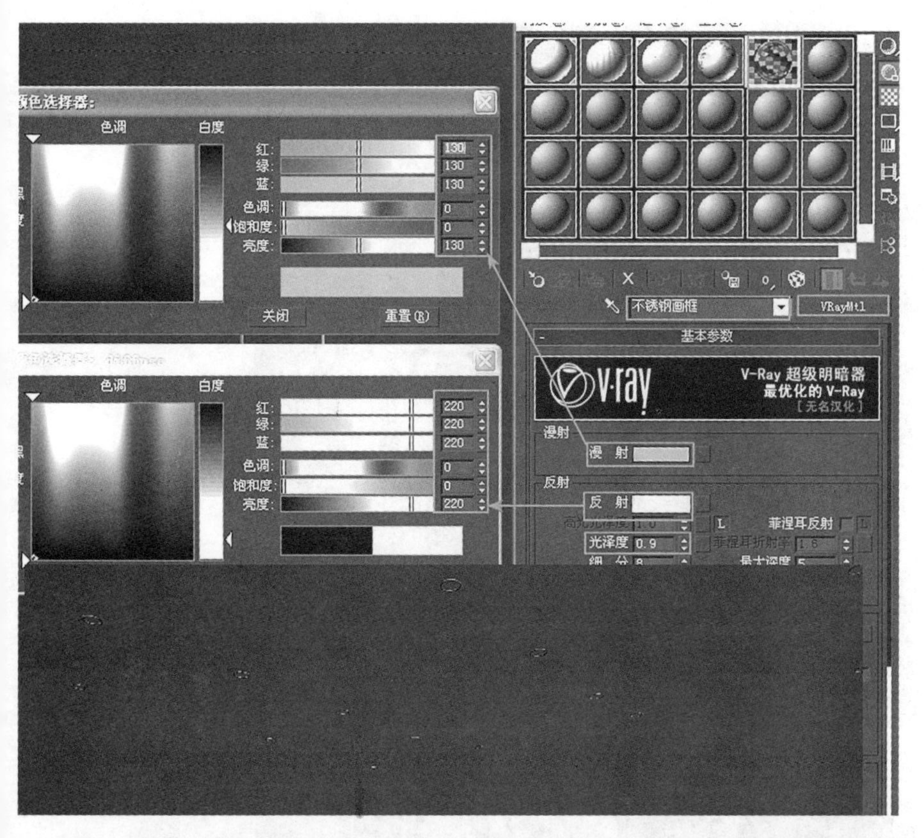

图 4-1-55

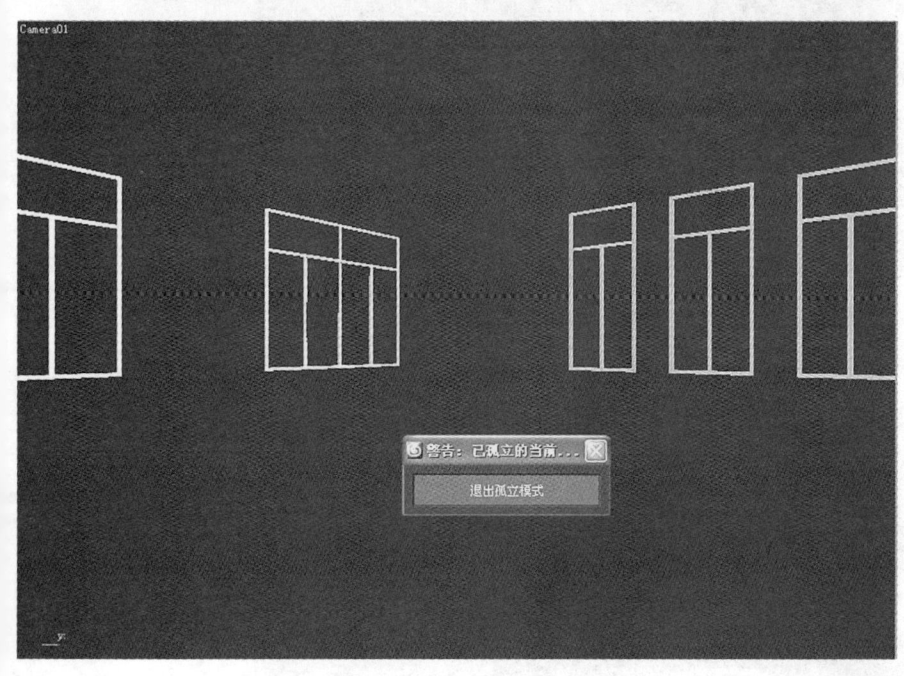

图 4-1-56

VRayMtl，并起名字为“白色塑钢”，设置参数如图 4-1-57 所示。点赋给窗框。

（13）按前面设置，将不锈钢材质赋给踢脚线，如图 4-1-58 所示。

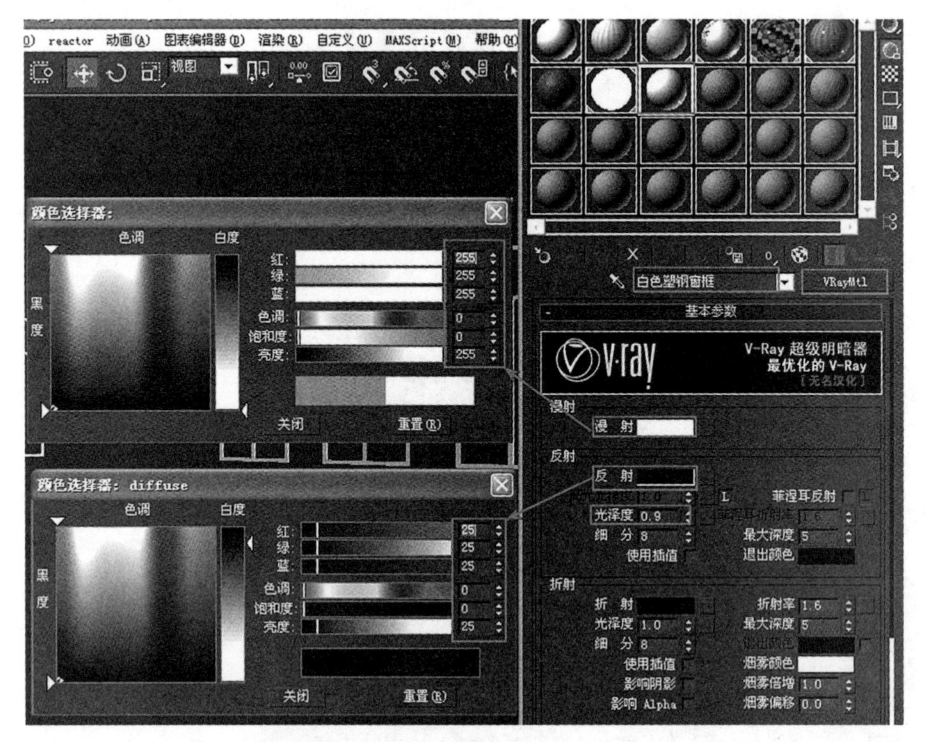
颜色选择器:
色调
白度
黑度
红:
绿:
蓝:
色调:
饱和度:
亮度:
关闭
重置(R)
颜色选择器: diffuse
白色塑钢窗框
VRayMtl
基本参数
V-Ray 超级明暗器
最优化的 V-Ray
漫射
反射
折射
光泽度
细 分
使用插值
菲涅耳反射
最大深度
退出颜色
折射率
烟雾颜色
烟雾倍增
烟雾偏移
影响阴影
影响 Alpha

图 4—1—57

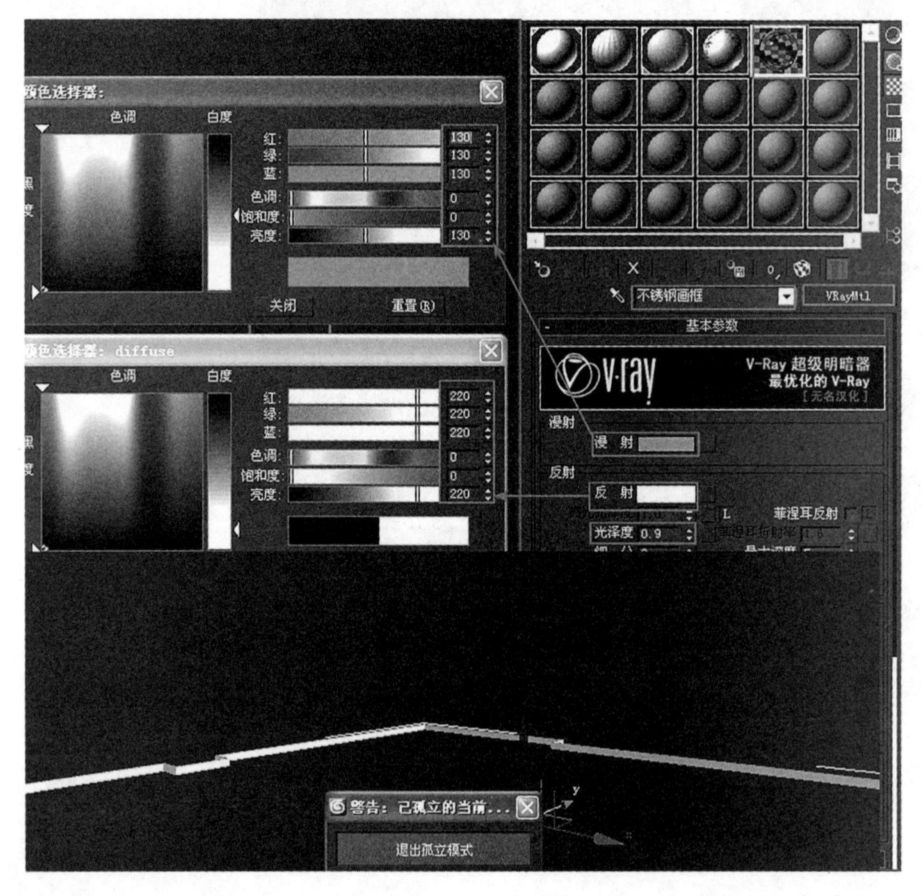
颜色选择器:
色调
白度
红:
绿:
蓝:
色调:
饱和度:
亮度:
关闭
重置(R)
颜色选择器: diffuse
不锈钢画框
VRayMtl
基本参数
V-Ray 超级明暗器
最优化的 V-Ray
漫射
反射
光泽度
菲涅耳反射
警告: 已孤立的当前...
退出孤立模式

图 4—1—58

（14）给地面瓷砖附材质，选中地面，按 Alt+Q，孤立窗框（图 4–1–59），按快捷键 M 键打开材质编辑器，在材质编辑器中新建一个 VRayMtl，并起名字为“瓷砖地面”，设置参数如图 4–1–60 所示。点赋给地面。调整贴图坐标（图 4–1–61）。

（15）给椅子附材质（椅子腿为不锈钢材质，椅背和扶手同一材质），椅腿的材质同前面的方法赋给不锈钢材质即可，选中所有椅背和扶手，按 Alt+Q，

图 4–1–59

图 4–1–60

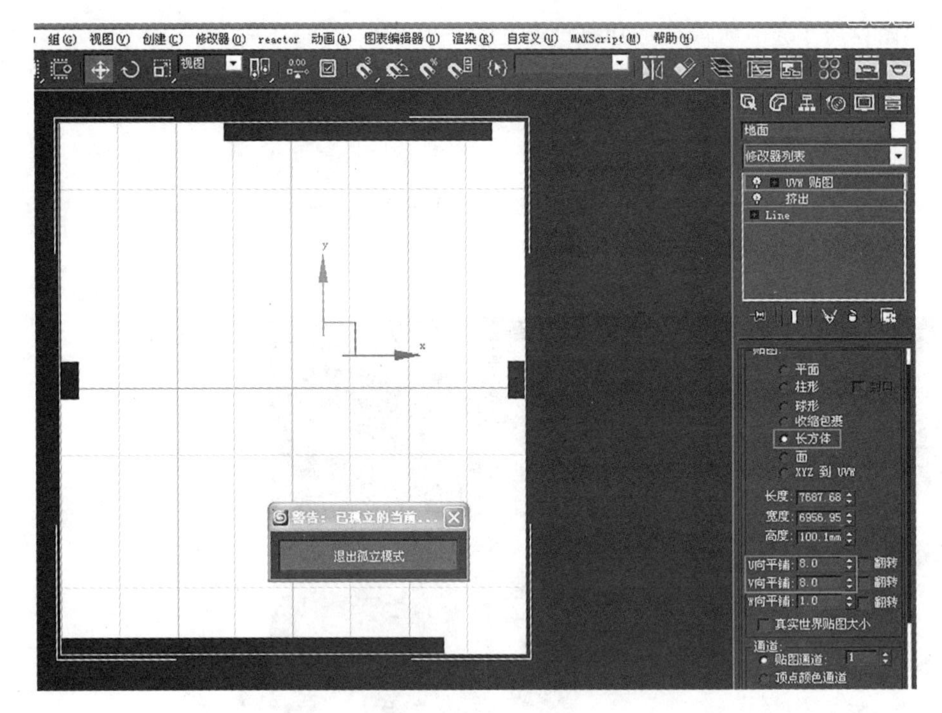

图 4–1–61

孤立窗框（图 4–1–62），按快捷键 M 键打开材质编辑器，在材质编辑器中新建一个 VRayMtl，并起名字为椅背和扶手，设置参数（图 4–1–63）。点赋给椅背和扶手。

（16）给会议桌附材质（桌子上方的装饰条和椅子背同材质，参考椅子背材质贴法），选中会议桌木纹部分，按 Alt+Q，孤立会议桌，按快捷键 M 键打开材质编辑器，在材质编辑器中新建一个 VRayMtl，并起名字“木纹”，设置参数（图 4–1–64）。点赋会议桌。

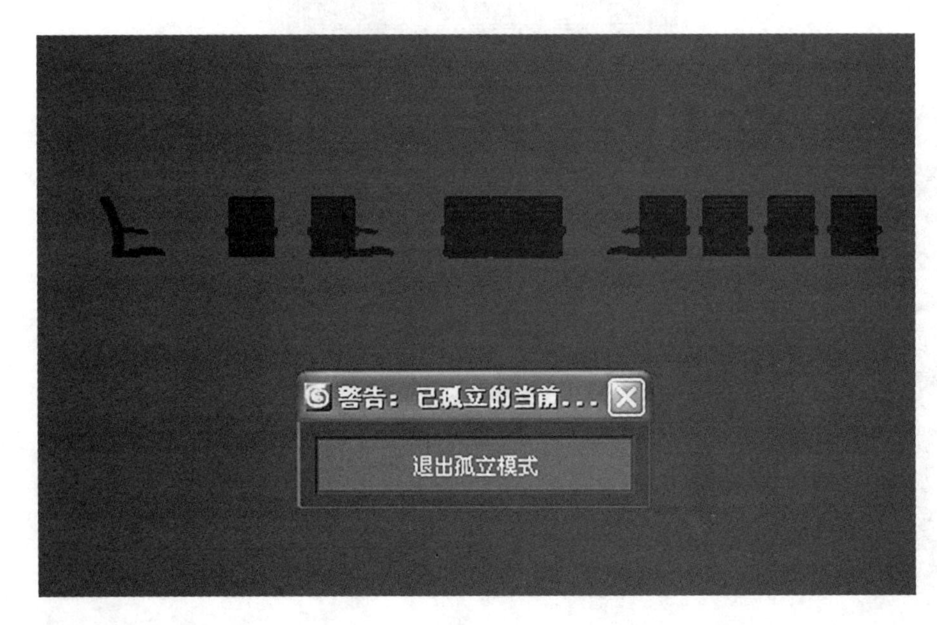

图 4–1–62

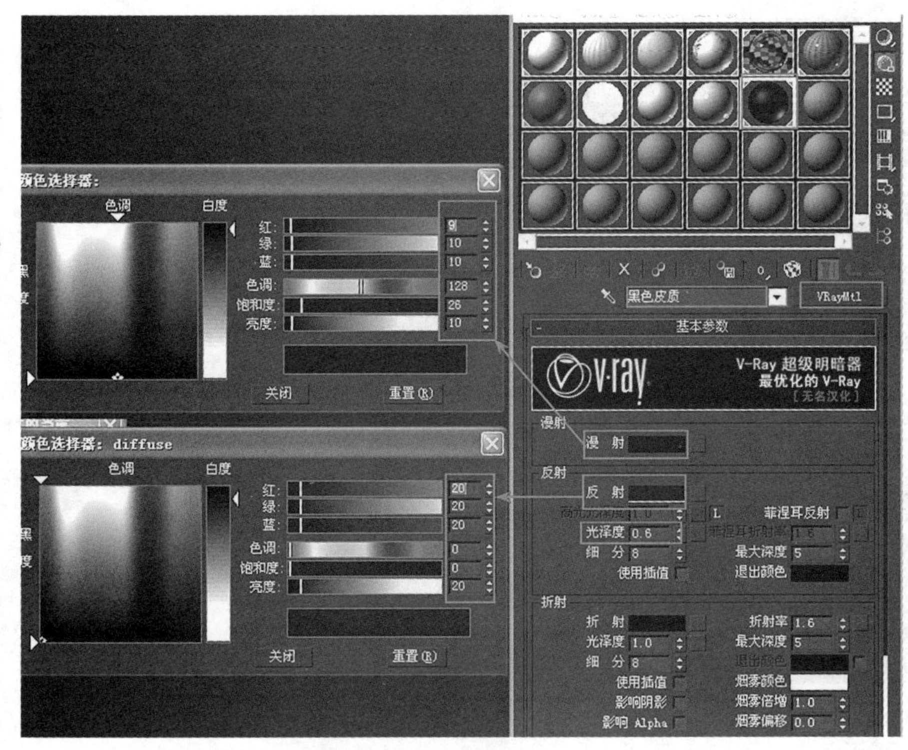
颜色选择器:
色调
白度
黑
度
红:
绿:
蓝:
色调:
饱和度:
亮度:
9
10
10
128
26
10
关闭
重置(R)
颜色选择器: diffuse
红:
绿:
蓝:
色调:
饱和度:
亮度:
20
20
20
0
0
20
关闭
重置(R)
黑色皮质
VRayMtl
基本参数
V-Ray 超级明暗器
最优化的 V-Ray
[无名汉化]
漫射
漫 射
反射
反 射
菲涅耳反射
光泽度 0.6
细 分 8
使用插值
最大深度 5
退出颜色
折射
折 射
折射率 1.6
光泽度 1.0
最大深度 5
细 分 8
退出颜色
使用插值
烟雾颜色
影响阴影
烟雾倍增 1.0
影响 Alpha
烟雾偏移 0.0

图 4—1—63

历史记录: c:\documents and settings\administrator\桌面\课题三
查找范围(I): 贴图
72502549
书法
穿孔铝塑板
钟
窗帘
地板砖
木纹
屏幕
文件名(N): 木纹
打开(O)
文件类型(T): JPEG 文件 (*.jpg,*.jpe,*.jpeg)
取消
设备...
信息...
查看
序列
预览
统计信息: 800x568, 24 位 (RGB) - 单个图像
位置: C:\Documents and Settings\Administrator\桌面\课...\木纹.jpg
颜色选择器: diffuse
色调
白度
黑
度
红:
绿:
蓝:
色调:
饱和度:
亮度:
40
40
40
0
0
40
关闭
重置(R)
木纹
VRayMtl
基本参数
V-Ray 超级明暗器
最优化的 V-Ray
[无名汉化]
漫射
漫 射
M
反射
反 射
菲涅耳反射
光泽度 0.85
细 分 16
使用插值
最大深度 5
退出颜色
折射
折 射
折射率 1.6
光泽度 1.0
最大深度 5
细 分 8
退出颜色
使用插值
烟雾颜色
影响阴影
烟雾倍增 1.0
影响 Alpha
烟雾偏移 0.0

图 4—1—64

（17）调整会议桌木纹贴图坐标（图 4–1–65）。

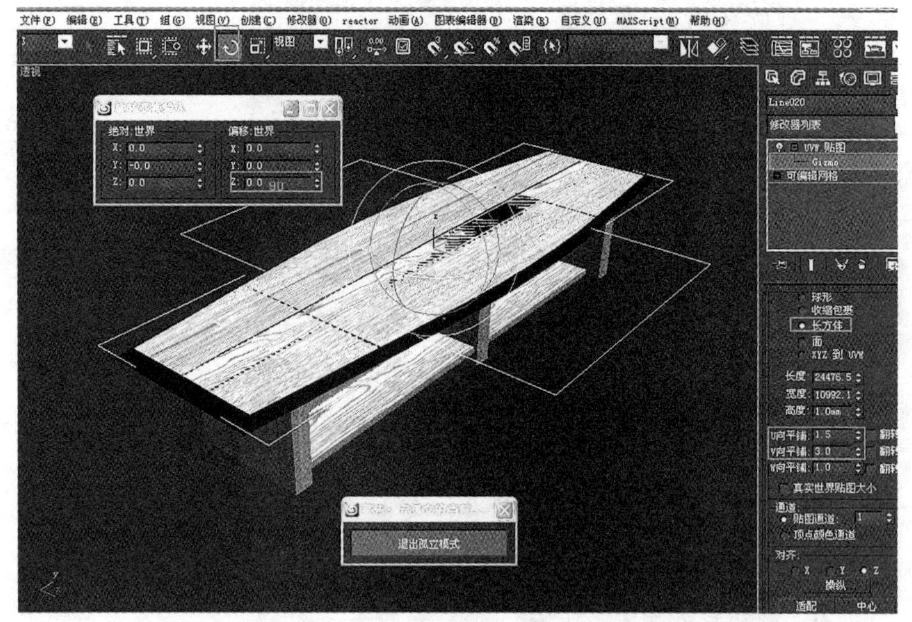

图 4–1–65

（18）所有模型完成材质贴图（图 4–1–66）。

图 4–1–66

3.3 灯光设置

场景灯光设置

（1）设置阳光效果（图 4–1–67）。

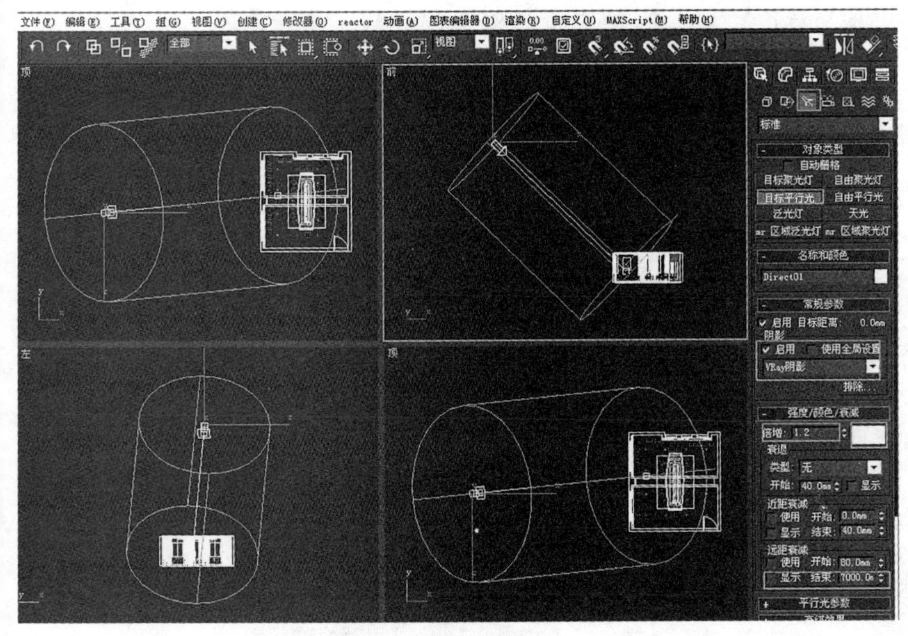

图 4–1–67

(2) 设置室内筒灯效果（图 4–1–68）。

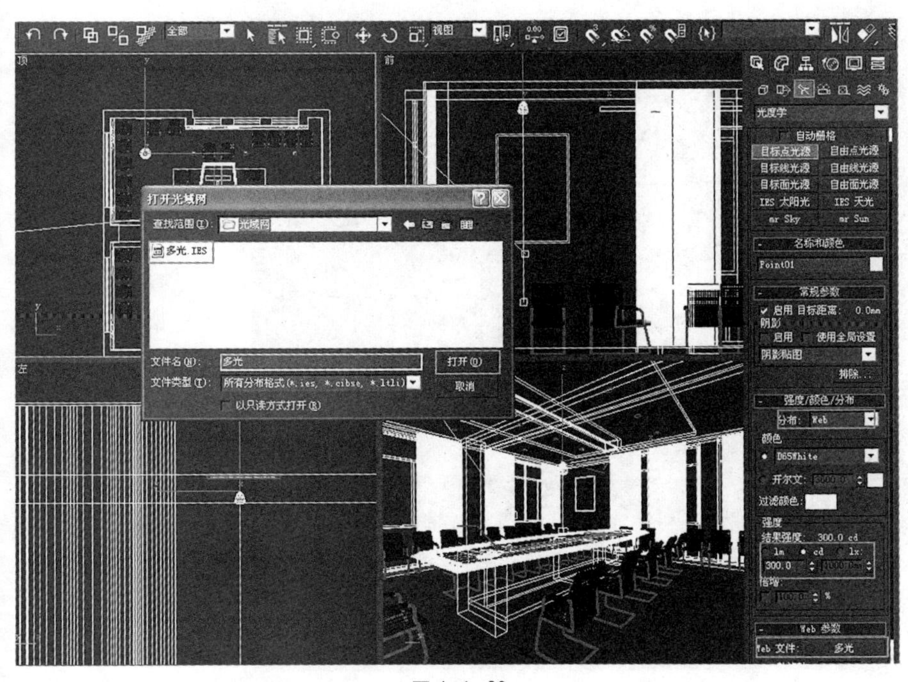

图 4–1–68

(3) 用前面的方法，设置室内所有筒灯，效果如图 4–1–69 所示。

(4) 设置室内白色亚克力发光片，效果如图 4–1–70 所示。

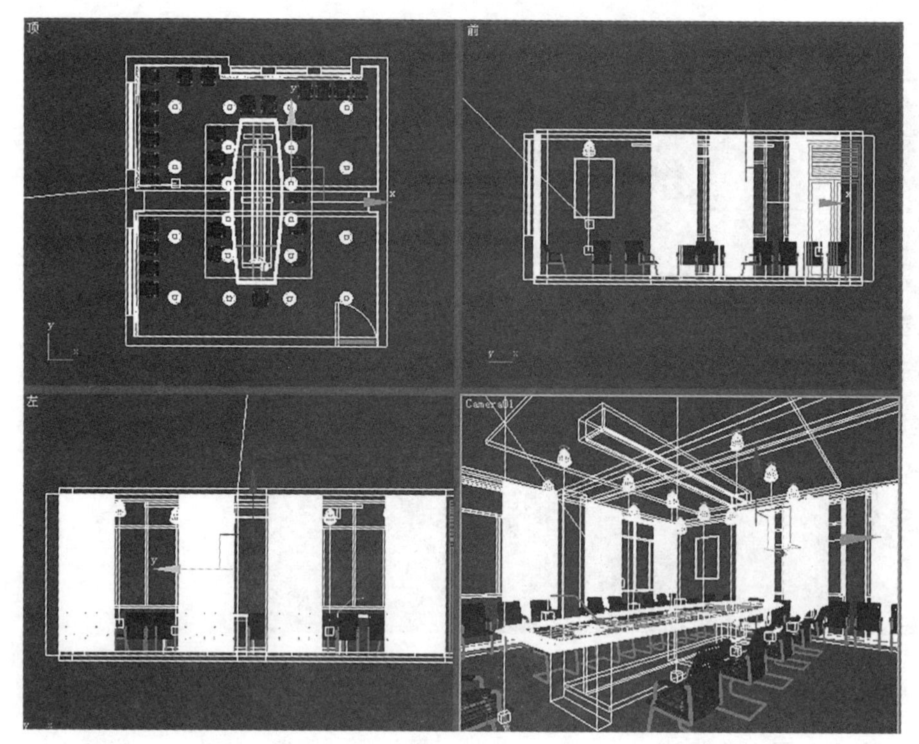

图 4–1–69

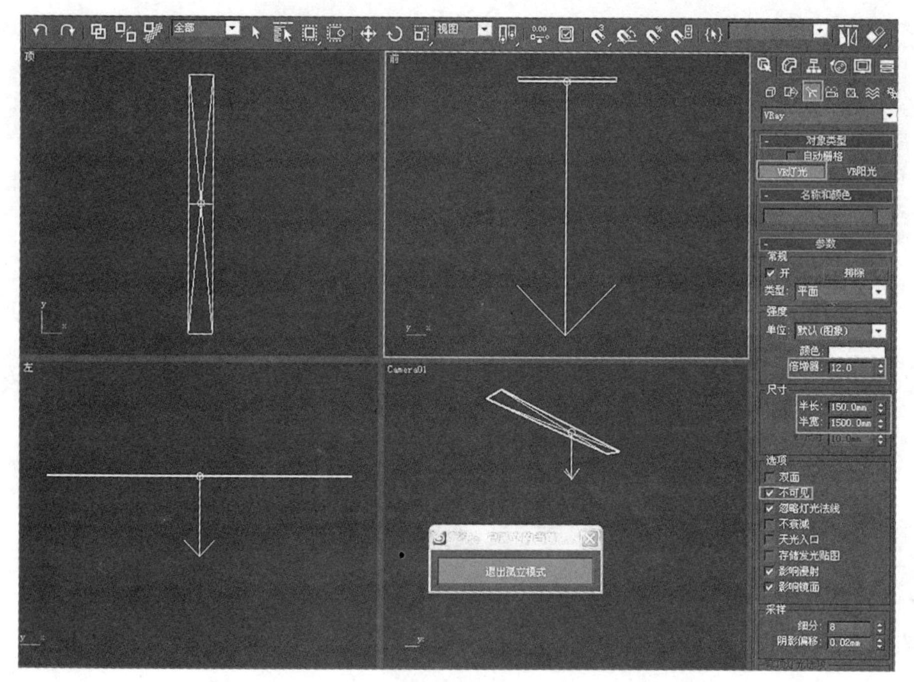

图 4–1–70

(5) 设置顶部光带，效果如图 4–1–71 所示。

(6) 所有灯光设置完成，如图 4–1–72 所示。

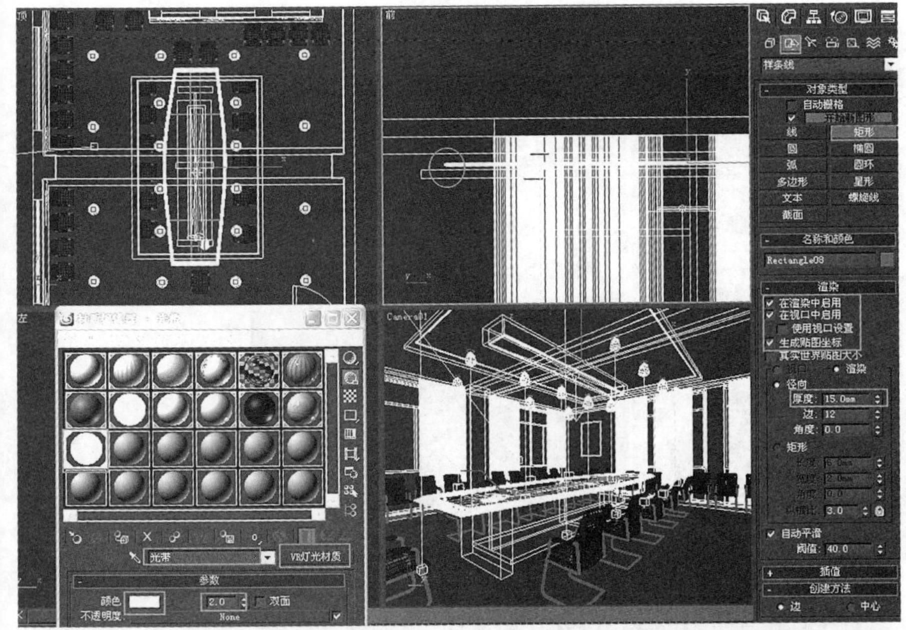

图 4–1–71

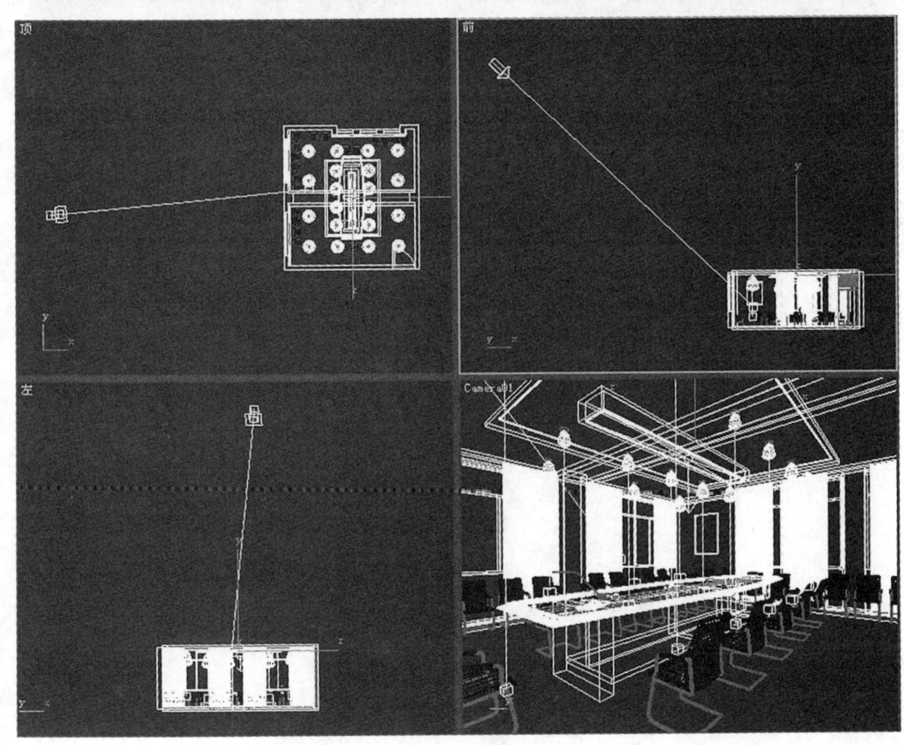

图 4–1–72

3.4　渲染

场景渲染

（1）草图渲染设置。点菜单渲染→环境，弹出环境和效果对话框，相关参数设置如图 4–1–73 所示。

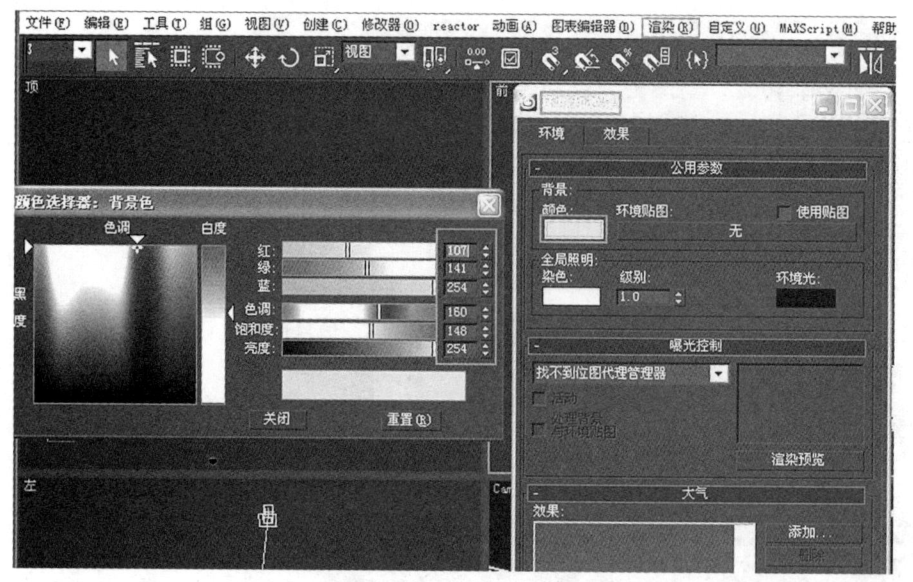

图 4–1–73

（2）设置草图渲染（主要是为了快速检查我们所设置的渲染效果如何，是否要进行一些参数重新设置等，因为同一模型的材质及所接受的灯光在不同的空间会产生不同的效果，所以我们不能用唯一的材质灯光参数来确定这个数值是绝对到位的，这需要设计师来对整个场景进行把握并做适当的参数调整，故我们要在大图出图之前进行“粗糙”设置也就是我们习惯叫法草图设置），按 F10 弹出渲染场景: V-Ray Adv 1.5 RC3对话框，相关参数设置如图 4–1–74 ～图 4–1–77 所示。

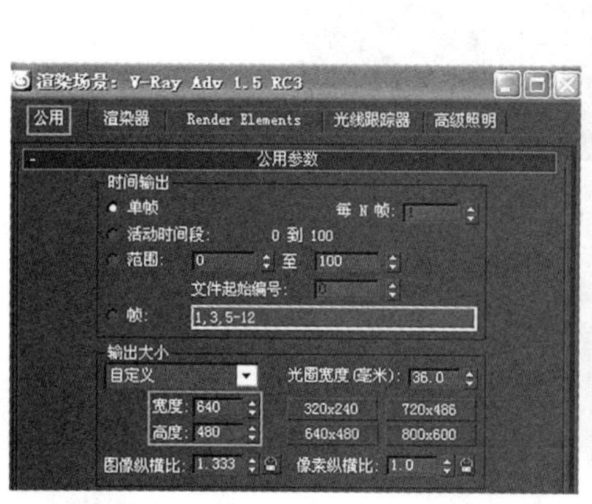

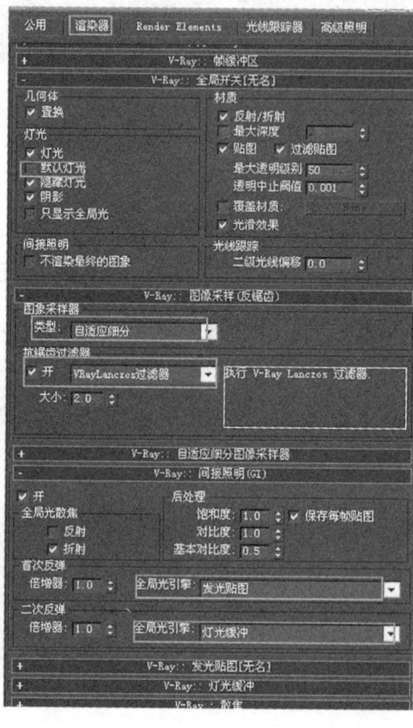

图 4–1–74（左）
图 4–1–75（右）

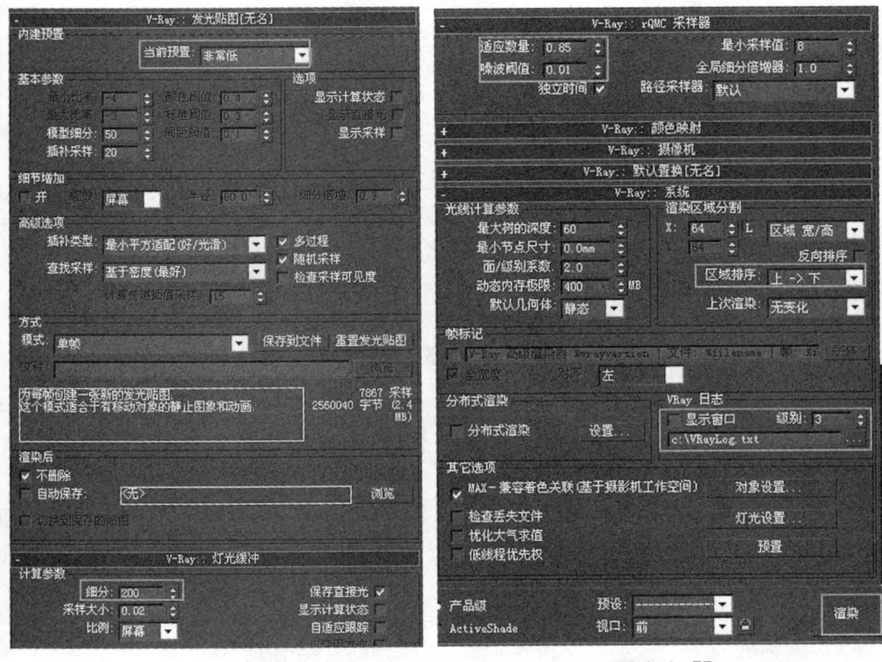

图 4-1-76　　　　图 4-1-77

(3) 设置草图渲染效果，如图 4-1-78 所示。

图 4-1-78

(4) 正式渲染，根据画面的效果做局部调整，设置正图渲染，按 F10 弹出渲染场景：V-Ray Adv 1.5 RC3对话框，相关参数设置如图 4-1-79 ～图 4-1-82 所示。

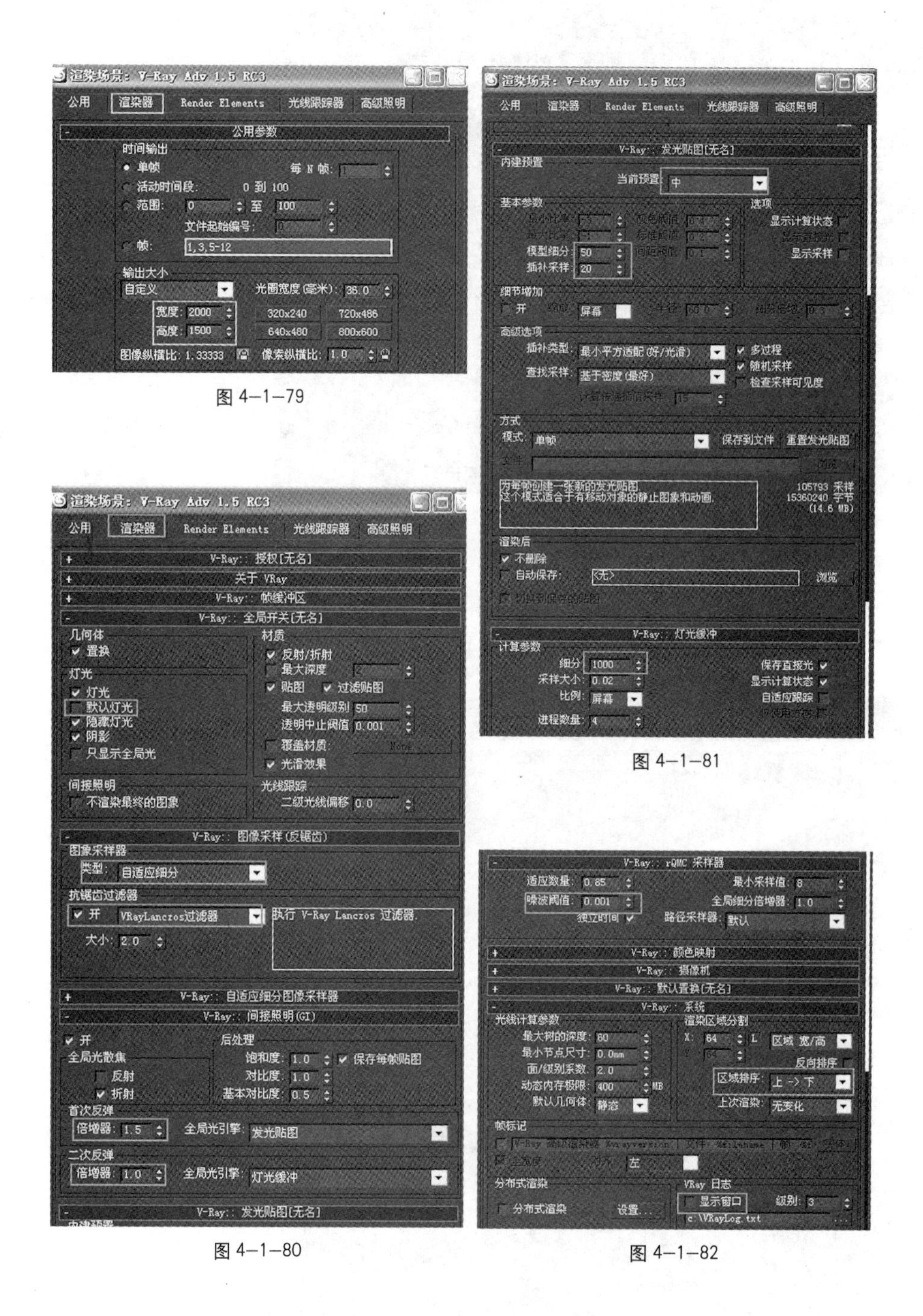

图 4-1-79

图 4-1-80

图 4-1-81

图 4-1-82

(5) 设置正图渲染得到的结果，如图 4-1-83 所示。

(6) 将渲染的图片保存成 tga 格式，如图 4-1-84 所示。

图 4—1—83

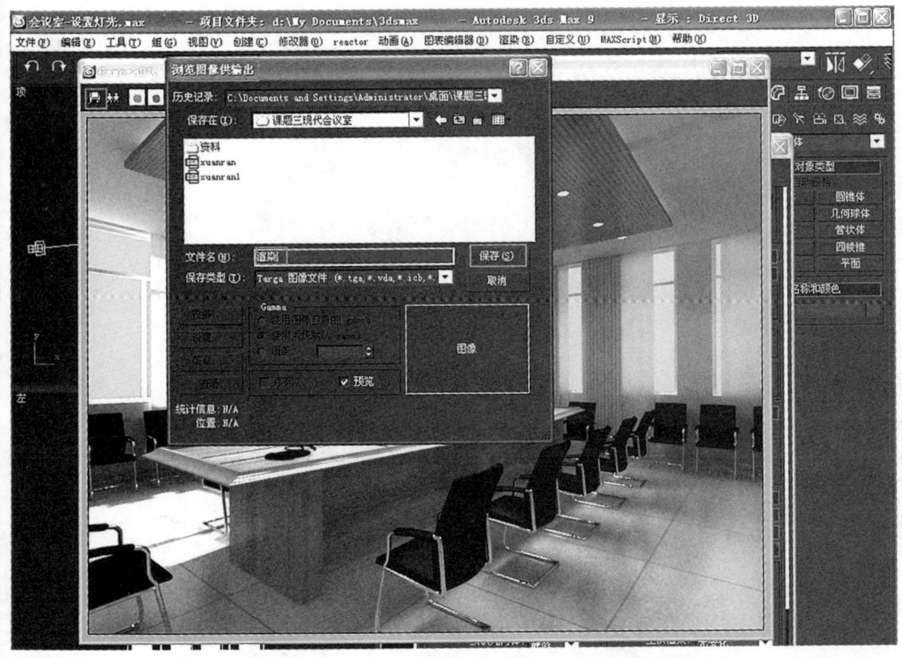

图 4—1—84

（7）对输出的图片进行 ps 设置，打开保存的“渲染 .tga”，图像→调整→曲线调整参数（图 4—1—85），点“确定”。

图 4–1–85

(8) 添加环境效果，打开一张环境图片，放置到 0 层后方，新建图层，将前景色设置为白色，用渐变工具的从前景色到透明色渐变出光带效果，再对 0 层作亮度对比度调整，如图 4–1–86 所示。

图 4–1–86

(9) 添加绿化、锐化处理，最终结果如图 4-1-87 所示。

图 4-1-87

【思考题和练习题】

1. VRay 材质中的反射光泽对材质精度的影响？
2. UVW map 贴图轴的使用方法？
3. 光子图与渲染效果的关系？
4. 运用所学知识绘制卧室效果图。